FORSCHUNGSBERICHTE DES LANDES NORDRHEIN-WESTFALEN

Herausgegeben
im Auftrage des Ministerpräsidenten Dr. Franz Meyers
von Staatssekretär Professor Dr. h.c. Dr. E.h. Leo Brandt

DK 674.053:621.934

Nr. 1028

Dr.-Ing. Siegfried Stendorf
Verein zur Förderung von Forschungs- und Entwicklungsarbeiten in der
Werkzeugindustrie e. V., Remscheid

# Das Gleitstauchen von Schneidzähnen an Sägen für Holz

Als Manuskript gedruckt

WESTDEUTSCHER VERLAG / KÖLN UND OPLADEN

1961

ISBN 978-3-663-03358-5        ISBN 978-3-663-04547-2 (eBook)
DOI 10.1007/978-3-663-04547-2

## Vorwort

Der vorliegende Forschungsbericht schließt an Untersuchungen an, die als "Forschungsberichte des Landes Nordrhein-Westfalen" in den Arbeiten

"Untersuchungen an Kreissägeblättern für Holz" (Heft 51)

"Schwingungs- und Arbeitsverhalten von Kreissägeblättern für Holz" (Heft 61)

"Fertigungsverfahren und Spannungsverlauf bei Kreissägeblättern für Holz" (Heft 360)

veröffentlicht worden sind.

Die Forschungsaufgabe wurde vom Bundeswirtschaftsministerium finanziert und wie die anderen aufgeführten Arbeiten am Institut für Werkzeugforschung des "Vereins zur Förderung von Forschungs- und Entwicklungsarbeiten in der Werkzeugindustrie e.V., Remscheid" durchgeführt.

An dieser Stelle möchte ich nicht versäumen, Herrn Dr.-Ing. E. BARZ, dem wissenschaftlichen Leiter des Instituts für Werkzeugforschung meinen Dank auszusprechen für die Ermöglichung der Forschungsarbeit und ebenso Herrn Dipl.-Ing. R. LEVERINGHAUS, dem Leiter der Versuchsanstalt der Werkzeugindustrie, Remscheid, ferner den Vollmer-Werken Maschinenfabrik GmbH., Biberach/Riss, den maßgeblichen Firmen der Remscheider Sägenindustrie und allen anderen Personen und Firmen, die die Untersuchungen gefördert haben.

Mein ganz besonderer Dank gilt Herrn Prof. Dr.-Ing. Dr.-Ing. E.h. Otto KIENZLE, dem wissenschaftlichen Betreuer meiner Arbeit, für seine wertvollen Anregungen und die hilfreiche Beratung zur Durchführung der Versuche.

# Gliederung

Formelzeichen und Begriffe .................................. S. 6

Einleitung .................................................. S. 9

Die Aufgabe und ihre Durchführung ........................... S. 11

1. Umformverfahren und Umformvorrichtungen für Sägenzähne ... S. 11
   1.1 Ausgangsform des umzuformenden Sägenzahnes ........... S. 11
   1.2 Umformvorgang - Gleitstauchen ........................ S. 12
   1.3 Seitliche Formgebung des Sägenzahnes ................. S. 13
       Seitliches Flachpressen .............................. S. 13
       Seitliches Schleifen ................................. S. 13
   1.4 Sägenzahnumformung nach E. KIVIMAA ................... S. 14

2. Zustand und Kaltumformbarkeit des umzuformenden Werkstoffes .. S. 14
   2.1 Zusammensetzung und Vorbehandlung der untersuchten Sägenstähle ... S. 14
   2.2 Ermittlung der Kaltfließkurven ....................... S. 16
       Kaltfließkurvenbestimmung im Druckversuch ............ S. 16
       Kaltfließkurvenbestimmung im Zugversuch .............. S. 18
       Kaltfließkurven im doppellogarithmischen System ...... S. 19
   2.3 Kaltfließkurve und Kaltverfestigung .................. S. 21

3. Idealisierte Vergleichsversuche am Blechstreifen ......... S. 22
   3.1 Versuchsaufbau und Umformbedingungen ................. S. 22
   3.2 Kraftrichtungen beim Bolzen-Eindrücken ............... S. 23
   3.3 Ermittlung des Formänderungswiderstandes ............. S. 24
   3.4 Verdrängtes Volumen, Breitung und Eindringtiefe in ihrer Abhängigkeit von der Umformkraft ...... S. 27
   3.5 Die Breitung in bezug auf die Eindringtiefe des Umformbolzens und ihre Verteilung im Umformbereich .. S. 29
   3.6 Formfaktor und Steifheitsfaktor für die seitliche Auswölbung ...... S. 30
   3.7 Logarithmische Formänderung oder Umformgrad ......... S. 34
       3.71 Bestimmung des Umformgrades durch Markierung kleiner Strecken im Werkstoff ...... S. 34
       3.72 Festlegung eines angenäherten Umformgrades zur Betrachtung verschiedener Umformfälle ... S. 37
   3.8 Beziehung zwischen Formänderungswiderstand und Umformgrad ...... S. 38

4. Modellversuche ........................................... S. 40
   4.1 Modellversuche mit thermoplastischen Kunststoffen und Wachs ... S. 40

4.2 Modellversuche an Sägenzahn-Modellen mit
Aluminium . . . . . . . . . . . . . . . . . . . . . . S. 43

    4.21 Versuchsbedingungen und Umformvorrichtung . . . S. 43

    4.22 Kenntlichmachung der Umformung durch
eingesetzte Kupferstifte . . . . . . . . . . . . S. 44

5. Geometrische Formänderung der Sägenzähne beim
Gleitstauchen und seitlichen Flachpressen . . . . . . . . . S. 46

  5.1 Entstehung des Umformbildes beim Gleitstauchen . . . S. 46

  5.2 Betrachtung der Umformung am Zahnrücken,
im Querschnitt durch die Umformzone und
nach dem seitlichen Flachpressen . . . . . . . . . . S. 48

  5.3 Auswirkung eines Schmiermittels . . . . . . . . . . . S. 50

  5.4 Schnitt-Darstellung eines umgeformten
Sägenzahnes . . . . . . . . . . . . . . . . . . . . . S. 52

6. Gefügeänderung, Kaltverfestigung und logarithmische Formänderung am umgeformten Sägenzahn . . . . . . S. 53

  6.1 Gefügeumwandlung durch die Kaltumformung . . . . . . S. 53

  6.2 Kaltverfestigung in der Umformzone . . . . . . . . . S. 53

    6.21 Härteverteilung nach dem Gleitstauchen . . . . . S. 53

    6.22 Härteverteilung nach dem seitlichen
Flachpressen . . . . . . . . . . . . . . . . . . S. 57

    6.23 Härteverteilung bei der Umformung
nach KIVIMAA . . . . . . . . . . . . . . . . . . 58

  6.3 Logarithmische Formänderung oder Umformgrad am
Sägenzahn . . . . . . . . . . . . . . . . . . . . . . S. 58

7. Umformkräfte und Umformdrücke beim Gleitstauchen . . . . S. 60

  7.1 Kraftrichtungen beim Gleitstauchen . . . . . . . . . S. 60

  7.2 Ermittlung der Kräfte beim Gleitstauchen
bei Einsatz verschiedener Schmiermittel . . . . . . . S. 61

  7.3 Berechnung der Druckbeanspruchung beim
Gleitstauchen aus den ermittelten Kräften . . . . . . S. 63

  7.4 Einfluß der Schmierung auf die Kräfte beim
Gleitstauchen . . . . . . . . . . . . . . . . . . . . S. 64

8. Auswertung der Untersuchungen . . . . . . . . . . . . . . S. 65

  8.1 Gegenüberstellung der idealisierten Vergleichsversuche zum Gleitstauchen am Sägenzahn . . . S. 65

  8.2 Erkenntnisse für die praktische Durchführung
des Gleitstauchens von Sägenzähnen . . . . . . . . . S. 68

    8.21 Allgemeine Ergebnisse und Hinweise . . . . . . . S. 68

    8.22 Kaltverfestigung in der Schneidenzone
und Folgerung zur Verbesserung des
Umformverfahrens . . . . . . . . . . . . . . . . S. 70

    8.23 Seitliche Bearbeitung nach dem Gelit-
        stauchen . . . . . . . . . . . . . . . . . . . . . S. 72

9. Zusammenfassung . . . . . . . . . . . . . . . . . . . S. 73

   Literaturverzeichnis . . . . . . . . . . . . . . . . . S. 76

   Anhang mit Abbildungen . . . . . . . . . . . . . . . . S. 79

## Formelzeichen und Begriffe

(Die in der Arbeit nur einmal vorkommenden Formelzeichen und Begriffe sind an der betreffenden Stelle im Text erklärt.)

| | |
|---|---|
| $b_o$ | Ausgangsdicke des Werkstückes |
| $b_1$ | Dicke des Werkstückes im umgeformten Bereich |
| $(b_1-b_o)$ | Breitung des Werkstückes durch die Umformung |
| $E$ | Elastizitätsmodul |
| $f$ | Formfaktor der seitlichen Auswölbung |
| $f'$ | Steifheitsfaktor der seitlichen Auswölbung |
| $F$ | Berührfläche zwischen Werkstück und Werkzeug |
| $h$ | Eindringtiefe des Umformwerkzeuges |
| HRC | Härteeinheit nach Rockwell (Diamantkegel-Eindruck) |
| HV | Härteeinheit nach Vickers |
| $k_f$ | Formänderungsfestigkeit (werkstoffbedingt) |
| $k_w$ | Formänderungswiderstand (verfahrenbedingt) |
| $l$ | Sehnenlänge der Umformmulde |
| $N$ | Normalkraft senkrecht zur Umformfläche |
| $p$ | Umformdruck |
| $P$ | Umformkraft |
| $P_k$ | Keilkraft (tangential zur Umformdrehung) |
| $P_t$ | Tangentialkraft (tangential zum Umformwerkzeug) |
| $t$ | Einwirktiefe der Umformung |
| $V$ | vom Umformwerkzeug verdrängtes Werkstückvolumen |
| $\alpha$ | Keilwinkel des wirksamen Umformkeiles |
| $\varepsilon$ | bezogene Maßänderung ( $\varepsilon_h = \dfrac{h_o-h_1}{h_o}$ ) |
| $\eta_F$ | Formänderungswirkungsgrad |
| $\mu$ | Reibwert an der Berührfläche zwischen Werkstück und Umformwerkzeug |

ϱ      Reibwinkel am Umformkeil

φ      örtlich gemessene logarithmische Formänderung
( $\varphi_b = \ln b_1/b_0$ )

φ'      summarisch gemessene logarithmische Formänderung
( $\varphi_b' = \ln b_1/b_0$ )

## Einleitung

Der steigende Bedarf an guten und doch preiswerten Werkzeugen hat zu rationellen und wirtschaftlichen Fertigungsverfahren geführt, die bei ausreichender Herstellgenauigkeit hohe Produktionszahlen möglich machen.

Zu den Fertigungsverfahren, die eine raschere und wirtschaftlichere Herstellung ermöglichen, gehören auch Arbeitsgänge, die bisher in schwieriger Abspanarbeit durchgeführt wurden und nun durch Umformverfahren vereinfacht oder verkürzt werden - man denke an das Warmwalzen von Spiralbohrern, das Kaltwalzen der Gewinde an Gewindebohrern und das Einsenken von Stahlformen für Schmiede- und Preßvorgänge.

Bisweilen ermöglicht ein neues Fertigungsverfahren neue Formgebungen, die bei den bisher üblichen Verfahren nicht ausgeführt werden konnten, so z.B. bei Schneidzähnen an Band-, Kreis- und Gattersägeblättern für Holz. Die Aufgabe besteht hierbei darin, ein Freischneiden des einzelnen Sägenzahnes dadurch zu erreichen, daß die Schneide über die Blattdicke hinaus übersteht. Eine Ausarbeitung der Werkzeug- bzw. Zahnform aus dem vollen Material, wie es bei Fräsern geschieht, ist für die Sägen-Herstellung zu kostspielig und wird nur vereinzelt durchgeführt (z.B. Hohlschleifen von Hobelkreissägeblättern). Daher wird bisher hauptsächlich ein abwechselndes seitliches Ausbiegen der Zähne vorgenommen, das sogenannte Schränken. Wie Untersuchungen am Institut für Werkzeugforschung, Remscheid, [1, 2, 3] gezeigt haben, ist aber für den Zerspanungsvorgang beim Sägen eine Zahnform nach dem Vorbild eines Nutenfräsers günstig, die einen Schneidenüberstand eines jeden Zahnes nach beiden Seiten aufweist. Dies läßt sich jedoch bei einem dünnen Holzsägeblatt nur durch Umformung des Zahnes erreichen, indem man den Zahn durch Stoffverdrängung verbreitert.

Eine weitere Bedingung für das Umformen der Sägenzähne ist die, daß im Einsatz stumpf gewordene Zähne beim Verbraucher, d.h. im Sägewerk, mit einfachen Mitteln wieder aufbereitet werden können. Die Umformung zur Zahngestaltung muß daher ohne verwickelte Einrichtungen wiederholt vorgenommen werden können. Weiterhin darf die Umformung die Festigkeit der Zahnschneide nicht herabsetzen. Hieraus folgt, daß sie auf kaltem Wege erfolgen muß. Warmumformung würde bei der Nacharbeit zum Instandsetzen stumpfer Zähne eine Warmbehandlung erfordern (Ausglühen und erneutes Vergüten), die in einem Sägewerk mangels Einrichtung und geübter Arbeitskräfte nicht durchführbar ist.

Die Umformung der Sägenzähne muß daher an einem vergüteten Sägenstahl vorgenommen werden, wobei allerdings wegen der bei einer Kaltumformung auftretenden Verfestigung die Ausgangshärte etwas geringer sein kann als die gewünschte Endhärte der Zahnschneiden.

Ein erstes Verfahren zum Breiten von Sägenzähnen auf kaltem Wege war ein Aushämmern der Zahnspitze. Hierbei war die Umformung jedoch weitgehend willkürlich und zumindest in ihrer Auswirkung auf die Zahnfestigkeit von Zahn zu Zahn unterschiedlich. Mit der weiterschreitenden technischen Entwicklung ist man dann bald auf ein besseres Verfahren übergegangen, bei dem ein entsprechend geformter Umformbolzen durch seine Drehbewegung den Werkstoff am Zahn zum seitlichen Ausweichen zwingt. Es handelt sich um eine Art Stauchvorgang bei gleichzeitiger Gleitbewegung des Druckwerkzeuges, durch die eine Ablenkung der Umformrichtung zur Zahnspitze erfolgt. Diese Umformung sei daher in Abweichung von dem in der Praxis üblichen Ausdruck "Stauchen" hier Gleitstauchen genannt.

> Gleitstauchen ist ein Umformvorgang, bei dem sich ein Werkzeug während des Stauchens in der Berührfläche gleitend nach einer Seite verschiebt und in der Gleitrichtung Stoff verdrängt.

Nach dem Gleitstauchen sind die Zahnseiten in der Umformzone unregelmäßig, und die Zahnspitze hat nicht die endgültige Form. Vor einem letzten Überschleifen auf der Schärfmaschine ist an den Zahnseiten ein sogenanntes "Egalisieren" notwendig, und zwar durch Schleifen oder ebenfalls durch Kaltumformung. Im Rahmen dieser Arbeit interessiert, ob das "Egalisieren" durch Kaltumformung, d.h. durch Flachpressen von beiden Seiten des Sägenzahnes, günstig ist. Der gesamte zu betrachtende Umformvorgang setzt sich somit aus dem Gleitstauchen und einem seitlichen Flachpressen zusammen.

Der bisherige Einsatz von Sägen mit umgeformten Zähnen hat ergeben, daß sie sowohl in bezug auf Standzeit wie auf Schnittgüte den geschränkten Sägen in vielen Fällen überlegen sind. Es besteht aber nur eine geringe Kenntnis über den Umformvorgang selbst und die dabei auftretende Beeinflussung der Festigkeitseigenschaften. Die vorliegende Untersuchung soll nun einige Fragen über den Ablauf der Umformung und die Vorgänge im Werkstoff klären, um so der weiteren Einführung dieses als wirtschaftlich erkannten Verfahrens zu dienen. Gleichzeitig stellt die Arbeit einen Beitrag zur allgemeinen Umformkunde dar, da es sich beim Gleitstauchen um einen Vorgang besonderer Art handelt, der örtlich begrenzt verläuft; dazu kommt, daß er auf einen vergüteten Werkstoff angewandt wird.

## Die Aufgabe und ihre Durchführung

Nach einer Beschreibung des Verfahrens und der Kaltumformbarkeit des Sägenwerkstoffes wird ein Einblick in den Gleitstauchvorgang an Modellen gewonnen. Dann folgt die Beschreibung von Versuchen, bei denen geometrische Verschiebungen, die Kaltverfestigung, der Umformgrad, Kräfte und Spannungen am Sägenzahn gemessen wurden.

## 1. Umformverfahren und Umformvorrichtungen für Sägenzähne

### 1.1 Ausgangsform des umzuformenden Sägenzahnes

Das Schneiden mit Sägen, deren Zähne durch Kaltumformung gebreitet sind, ist technologisch ein Fräsvorgang. Der einzelne Zahn schneidet über die ganze Schnittbreite und hat daher einen größeren Schnittwiderstand zu überwinden als ein geschränkter Zahn. Hieraus folgt, daß der Spanwinkel nicht zu klein sein darf, während gleichzeitig die Steifheit des Zahnes - nicht nur beim Schneiden, sondern auch für die Umformung beim Gleitstauchen - groß sein muß, so daß ein großer Keilwinkel verlangt wird. Versuche in der Praxis, über deren Ergebnis R. KAISER [5] ausführlich berichtet, haben für die umzuformenden Zähne einen günstigen Keilwinkel von $45°$ bis $50°$ ergeben. Die weiteren Merkmale dieser Zähne sind:

    großer Spanwinkel
    kleiner Freiwinkel
    großer Zahngrundhalbmesser.

Die gute Abrundung im Zahngrund erhöht nicht nur die Steifheit des Zahnes, sondern fördert auch ein glattes Abfließen der Späne. Gegenüber geschränkten Zähnen fallen bei dieser anderen Zahnform breitere und gleichmäßigere Späne an (Abb. 1)[*]. Gleichzeitig ist die Spanmenge je Zahn größer, so daß ein größerer Spanraum erforderlich ist. Hier wirkt es sich günstig aus, daß die Säge mit kalt umgeformten Zähnen bessere Schnittergebnisse liefert, wenn die Zähnezahl gegenüber geschränkten Sägen stark herabgesetzt wird. Da nunmehr jeder Zahn auf der ganzen Breite schneidet, führen zu große Zähnezahlen leicht dazu, daß der einzelne Zahn fast nur schabt und daher erhöhtem Verschleiß unterworfen ist. Eine Erhöhung der Schnittgeschwindigkeit bringt hier nicht immer bessere Ergebnisse, da ein Verlaufen des Schnittes eintreten kann.

---

[*] Sämtliche Abbildungen befinden sich im Anhang

## 1.2 Umformvorgang - Gleitstauchen

Das Gleitstauchen erfolgt, wie erwähnt, durch Drehen eines Kurvenbolzens, wobei der Zahn seitlich geklemmt und durch einen Gegenhalter, den sogenannten Amboß, am Zahnrücken abgestützt wird. Das Zusammenwirken von Sägenzahn, Umformbolzen und Gegenhalter zeigt die Abbildung 2. Der Vorgang läuft so ab, daß zuerst der Gegenhalter an der Zahnspitze auf dem Zahnrücken aufsitzt, worauf die Umformbewegung des Bolzens folgt. Um ein gutes Anliegen des Gegenhalters am Zahnrücken zu ermöglichen, muß die Lage des Zahnes zum Gegenhalter verstellbar sein. Anderenfalls sind auswechselbare, dem Zahnwinkel angepaßte Einsätze erforderlich.

Der Umformbolzen hat in seinem Arbeitsbereich eine solche Form, daß sich bei der Drehung die Wirkung eines Exzenters ergibt. Der kurvenförmige Teil schiebt sich in den Werkstoff des Sägenzahnes hinein und verdrängt diesen seitlich und zur Zahnspitze hin. Die Form der Umformkurve ist experimentell entstanden und ist so ausgeführt, daß die größte Umformung an der Zahnspitze auftritt. Hierauf wird noch genauer bei der Betrachtung der geometrischen Verhältnisse und der Kräfte beim Gleitstauchen eingegangen.

Die Einstellung des Kurvenbolzens zur Erzielung einer einwandfreien und gleichmäßigen Umformung stellt eine gewisse Schwierigkeit dar. Wichtig ist hierbei der Abstand des Bolzens in der Ausgangsstellung von der Spanfläche des Zahnes und die Entfernung des Bolzens zum Zahngrund. Hiervon sind Form und Größe der Umformzone abhängig.

Bei Umformung mit einem Handgerät (Abb. 3) wird dieses jeweils auf den umzuformenden Zahn aufgesetzt. Das Gerät muß jedesmal von Hand in die Arbeitsstellung gebracht und festgeklemmt werden, bevor die eigentliche Umformung über einen Handhebel eingeleitet wird. Die für die Versuche eingesetzte Maschine (Abb. 4) arbeitet selbsttätig. Der Arbeitsgang setzt sich zusammen aus: Vorschieben des Bolzens, Aufsetzen des Gegenhalters auf den Zahnrücken und Umformbewegung des Bolzens. Die Abbildung 5 zeigt Filmaufnahmen des Umformablaufes. Zur Freigabe der Vorschubbewegung der Säge wird der Umformbolzen aus der Arbeitsebene zurückgezogen, wobei die Säge um einen Zahn weitergedreht (Kreissäge) bzw. vorbewegt (Gatter- oder Bandsäge) wird.

## 1.3 Seitliche Formgebung des Sägenzahnes

### Seitliches Flachpressen

Um ein einwandfreies Freischneiden des umgeformten Zahnes zu ermöglichen und alle Zähne einer Säge auf einheitliche Breite zu bringen, ist eine zusätzliche seitliche Formgebung erforderlich. Beim seitlichen Flachpressen wird auf kaltem Wege eine Fläche angedrückt, so daß die Zähne in zwei Richtungen, nämlich zum Zahngrund und zum Zahnrücken hin keilförmig verlaufen. Zu diesem Zweck werden entsprechend geformte Druckbacken seitlich gegen die Umformzone geführt (Abb. 6). Dies geschieht entweder mit einem gesonderten Handgerät oder mit einem eingerichteten Arbeitsgang der selbsttätigen Maschine. Durch diesen Umformvorgang wird allerdings nicht erreicht, daß die Zahnbreiten einer Säge genau gleich sind. Geringe Abweichungen durch Ungleichheiten der voraufgegangenen Breitung, Festigkeitsunterschiede im Material u.a. lassen sich nicht vermeiden.

### Seitliches Schleifen

Eine hohe Gleichmäßigkeit der Zahnbreiten läßt sich durch ein seitliches Schleifen erzielen. Die einfachste Methode, ein Schleifen mit Topfscheiben parallel zu den Zahnseiten, bedingt aber kein Freischneiden der Zahnspitze. Es verbleiben kleine Flächen parallel zur Blattebene (Abb. 7a), so daß es beim Schneiden leicht zu einer Erwärmung des Sägenblattes kommt. Um die günstige Form, wie sie beim Flachpressen erreicht wird, mit der genauen Zahnbreite zu vereinen, ist ein verwickelter Schleifvorgang erforderlich. In diesem Fall muß mit Umfangschleifscheiben gearbeitet werden, deren Achsen in einer Ebene senkrecht zur Zahnbrust aus der Lage parallel zur Sägenblattebene um den Freischnittwinkel ausgeschwenkt sind (Abb. 7b). Hierbei kann das Sägenblatt nicht ohne eine seitliche Zusatzbewegung der Schleifscheiben zwischen diesen durchgeführt werden. Umfangschleifscheiben mit Achsen parallel zur Blattebene schleifen nur zum Zahngrund hin frei. Ungünstig für die Steifheit des Zahnes wirkt sich jedoch in beiden Fällen der Hohlschliff aus, durch den die Schneidenecken der Zahnspitze besonders verschleißanfällig werden.

Wenn es auf eine hohe Oberflächengüte ankommt, für die eine genau gleiche Breite aller Zähne Voraussetzung ist, wäre eine Kombination von Flachpressen und Schleifen möglich:

1. Seitliches Schleifen parallel zur Blattebene auf genau gleiche Zahnbreiten und anschließendes geringes Keiligpressen.
2. Seitliches keiliges Flachpressen und anschließendes Schleifen der Schneidenecken auf genau gleiche Zahnbreiten mit nur kleinen seitlichen Flächen parallel zur Blattebene.

Beide Verfahren erfordern allerdings einen zusätzlichen Arbeitsgang.

## 1.4 Sägenzahnumformung nach E. KIVIMAA

Neben den beschriebenen Umformverfahren durch Gleitstauchen mit nachfolgendem Flachpressen ist vor kurzem ein neues Verfahren bekannt geworden, das beide Arbeitsgänge in einem vereinigt. Es handelt sich um ein finnisches Verfahren, das von E. KIVIMAA [7] entwickelt wurde. Das neue Verfahren wurde erst kurz vor Abschluß der vorliegenden Arbeit bekannt, so daß in zusätzlichen Untersuchungen nur in den wichtigsten Punkten eine Gegenüberstellung zu dem sonst üblichen Umformen der Sägenzähne möglich ist. Die grundsätzlichen Untersuchungen, die den größten Teil der vorliegenden Arbeit ausmachen, werden indes hierdurch nicht beeinflußt.

Die Umformung nach KIVIMAA geht so vor sich, daß der Zahn in eine Art Form hineingedrückt wird und dadurch gleichzeitig in der Breite die gewünschte Formgebung erhält. Außerdem hat der Umformbolzen einen warzenartigen Vorsprung, der sich in die Spanfläche des Zahnes eindrückt (Abb. 8). Inwieweit sich dieses auf die Verfestigung des Zahnes auswirkt, wird im Verlauf der Arbeit untersucht. Die Untersuchung beschränkt sich hierbei auf ein Probestück einer nach dem KIVIMAA-Verfahren umgeformten Säge, das von dem finnischen Institut zur Verfügung gestellt wurde, da eine eigene Umformeinrichtung nach dem Prinzip KIVIMAA nicht vorhanden war.

## 2. Zustand und Kaltumformbarkeit des umzuformenden Werkstoffes

### 2.1 Zusammensetzung und Vorbehandlung der untersuchten Sägenstähle

Als sogenannte Stauchqualitäten für die Kaltumformung an Sägenblättern kommen Werkzeugstähle in Frage, denen die Umformbarkeit erhöhende Bestandteile zulegiert worden sind. Die Werkstoffbezeichnungen und die Analysenwerte der für die Versuche eingesetzten Stähle enthält die Tabelle 1.

Tabelle 1

Werkstoffbezeichnung und Analysenwerte der für die
Umformversuche zur Verfügung stehenden Sägenstähle

| Werkstoff-bezeich-nung | Werk-stoff-Nr. | Analysenwerte [%] | | | | | | | | | |
|---|---|---|---|---|---|---|---|---|---|---|---|
| | | C | Mn | Si | P | S | Cr | W | V | Mo | Ni |
| Nickel-Stahl 75Ni10 | - | 0,73 | 0,38 | 0,27 | 0,008 | 0,010 | 0,06 | - | - | - | 2,54 |
| Chrom-Vanadium-Stahl 80CrV2 | 2235 | 0,82 | 0,43 | 0,39 | 0,009 | 0,011 | 0,45 | - | 0,2 | - | - |
| Elektro-Stahl C85WS | 1830 | 0,85 | 0,62 | 0,29 | 0,008 | 0,012 | 0,15 | - | - | - | - |
| Wolfram-Molybdän-Stahl 70WMo | ähn-lich 2604 | 0,70 | 0,40 | 0,35 | - | - | 0,20 | 0,6 | 0,2 | 0,4 | - |

Es handelt sich hier vor allem um einen Nickel-Stahl mit der Zusammensetzung 75Ni10. Der Chrom-Vanadium-Stahl 80CrV2 ohne weitere Legierungszusätze ist der allgemein in der Sägenindustrie übliche Stahl, der aber bisher in der Praxis für Sägen mit kalt umgeformten Zähnen nicht angewendet wird, da die Rißanfälligkeit zu groß sein soll. Dieser Stahl wurde für Vergleichsversuche mit herangezogen. Außerdem standen für die Umformuntersuchungen Elektrostahl C85WS und Wolfram-Molybdän-Stahl 70WMo zur Verfügung; beides Stähle, die in der Praxis für durch Gleitstauchen umzuformende Sägen eingesetzt werden.

Nach der Erschmelzung durchläuft der Sägenstahl vor der Umformung durch das Gleitstauchen mehrere Vorbehandlungsstufen, die sich auf die Kaltumformbarkeit auswirken. Die Sägenindustrie bezieht den Stahl in Blechen oder bandförmig vom Walzwerk, und zwar ist der Sägenstahl auf die gewünschte Blattdicke warm vor- und kalt fertiggewalzt. Zwischen den einzelnen Walzgängen wird ein Zwischenglühen durchgeführt, und zwar um so häufiger, je geringer die gewünschte Enddicke ist. Hierbei wird das Gefüge umgewandelt. Beim Sägenhersteller erfährt der Werkstoff vor der Fertigstellung der Säge zum Gleitstauchen der Zähne eine weitere Umwandlung durch Härten und Anlassen auf etwa 40 bis 44 HRC. Die Gefügebilder (Abb. 9) zeigen die untersuchten Sägenstähle vor (Walzgefüge) und nach dem Vergüten. Die Härtetemperatur lag bei 780°C und die Stähle wurden bei 490 bis 500°C für 3 bis 4 min angelassen.

## 2.2 Ermittlung der Kaltfließkurven

Die Kaltfließkurve gibt den Zusammenhang zwischen der Formänderungsfestigkeit $k_f$ und der größten logarithmischen Formänderung $\varphi$ - der sogenannten Hauptformänderung - wieder.

Kaltfließkurven für die gebräuchlichsten Werkstoffe finden sich in den VDI-Blättern 5-3200. Die Ermittlung wurde im geglühten Zustand der Werkstoffe mittels des Kegelstauchversuches vorgenommen. Somit sagen diese Kurven nichts über die Kaltumformbarkeit der Stähle im vergüteten Zustand aus, wie er bei den hier zu betrachtenden Sägenstählen vorliegt. Die Kaltumformbarkeit eines Werkstoffes ist aber von seinem Gefügezustand und seiner Härte abhängig; daher mußte der Verfasser für die zu untersuchenden Stähle eigene Kaltfließkurven aufstellen. Der Kegelstauchversuch kam hierfür nicht in Frage, da der in Blechform vorliegende Sägenstahl die für die Kegelstauchproben erforderlichen Abmessungen nicht zuläßt. Die Versuche mußten aber am Original-Sägenblech vorgenommen werden, da nicht nur die Warmbehandlung, die in gleicher Weise bei anderen Werkstoffabmessungen hätte durchgeführt werden können, sondern auch die Umformung zum Sägenblech - das Walzen - für die Umformbarkeit des Sägenzahnes maßgebend ist.

### Kaltfließkurvenbestimmung im Druckversuch

Um einen ersten Aufschluß über das Kaltfließverfahren von Stahl im vergüteten Zustand zu bekommen, wurden Druckversuche an quaderförmigen Proben vorgenommen. Dadurch ist eine näherungsweise Bestimmung der Kaltfließkurve möglich; man muß allerdings durch nicht zu große Stauchung und gute Schmierung der Berührflächen zum Werkzeug erreichen, daß der Querschnitt über die ganze Probenhöhe möglichst konstant bleibt. Die Versuche wurden mit dem Nickel-Stahl 75 Ni 10 durchgeführt.

Da die Probendicke mit rd. 2 mm (Dicke des untersuchten Sägenbleches) festlag, wurde eine Probenform von rd. $(2 \times 3)$ mm$^2$ Rechteck-Querschnitt und rd. 4 mm Höhe gewählt. Es konnten keine glatten Maße vorgeschrieben werden, da das Schleifen der Proben sich als sehr schwierig erwies, so daß nur auf die Winkeligkeit der Probe, nicht aber auf Maßhaltigkeit geachtet werden konnte. Zur Vermeidung von Anlaßwirkung wurde mit äußerst feiner Spanabnahme geschliffen. Die Umformung der Proben wurde in einem Belastungsbereich bis zu 1 Mp durchgeführt. Die Tabelle 2 gibt die Versuchswerte wieder.

## Tabelle 2

Versuchswerte zur Kaltfließkurvenbestimmung im Druckversuch

| Belastung P [kp] | Druckfläche F [mm$^2$] | Umformdruck P/F=$k_f$ [kp/mm$^2$] | Höhe der Druckprobe h [mm] | logarithmische Formänderung $\varphi = \ln(h/h_o)$ |
|---|---|---|---|---|
| Druckprobe 1: $h_o$ = 4,150 mm | | | | |
| 130 | 5,88 | 22,2 | 4,150 | 0 |
| 205 | 5,89 | 34,8 | 4,139 | 0,002 |
| 255 | 5,90 | 43,2 | 4,133 | 0,003 |
| 305 | 5,90 | 51,6 | 4,121 | 0,005 |
| 355 | 5,91 | 60,1 | 4,113 | 0,008 |
| 405 | 5,93 | 68,4 | 4,105 | 0,011 |
| 460 | 5,95 | 77,4 | 4,100 | 0,012 |
| 515 | 5,98 | 86,2 | 4,094 | 0,013 |
| 583 | 6,05 | 98,1 | 4,070 | 0,019 |
| 610 | 6,08 | 100,0 | 4,050 | 0,024 |
| Druckprobe 2: $h_o$ = 4,130 mm | | | | |
| 125 | 5,86 | 21,4 | 4,130 | 0 |
| 203 | 5,86 | 34,5 | 4,125 | 0,0010 |
| 263 | 5,87 | 44,6 | 4,123 | 0,0015 |
| 315 | 5,87 | 53,5 | 4,120 | 0,0020 |
| 368 | 5,87 | 62,5 | 4,117 | 0,0025 |
| 420 | 5,88 | 71,3 | 4,115 | 0,0030 |
| 465 | 5,89 | 78,9 | 4,110 | 0,0040 |
| 513 | 5,89 | 87,0 | 4,101 | 0,0070 |
| 563 | 5,95 | 94,5 | 4,084 | 0,0100 |
| 613 | 5,96 | 103,0 | 4,070 | 0,0140 |
| 1000 | 7,13 | 140,0 | 3,450 | 0,1800 |

Für Belastungen über 620 kp konnte nur ein Wert aufgenommen werden, da die anderen Versuche durch Ausknicken der Probe verfälscht wurden.

Die Formänderungsfestigkeit $k_f$ wird der aus der Druckkraft P und dem Probenquerschnitt F zu berechnenden Spannung gleichgesetzt. Die Hauptformänderung ist in diesem Umformungsfall die Formänderung $\varphi_h$ in Druckrichtung. Durch die geringe Höhenänderung beim Stauchen der vergüteten Proben war die Bestimmung von $\varphi_h$ vor allem bei geringen Druckkräften schwierig, so daß in diesem Bereich Ungenauigkeit bzw. eine große Streuung zu erwarten ist. In der Abbildung 10 sind die Ergebnisse der durchgeführten Druckversuche dargestellt, und zwar ist die Formänderungsfestigkeit $k_f$ über der logarithmischen Hauptformänderung $\varphi_h$ aufgetragen. Die Richtung der elastischen Linie, die in das Diagramm eingezeichnet wurde, ergibt sich aus der Beziehung $k_f = \sigma = E \cdot \varphi$ im elastischen Bereich. Für $k_f = 100$ geht die elastische Linie mit $E \approx 20\,000$ kp/mm$^2$ durch den Wert $\varphi = 100/20\,000 = 0,005$.

Die Ermittlung der Kaltfließbeziehung im Druckversuch hat nur zu Kurvenwerten bis zu einer Formänderung von $\varphi = 0,2$ geführt. Damit ist nur der Anfangsbereich der Kaltfließkurve erfaßt, und es kann noch keine eindeutige Aussage über das Fließverhalten des vergüteten Sägenstahles gemacht werden.

### Kaltfließkurvenbestimmung im Zugversuch

Mit größerer Genauigkeit läßt sich die Kaltfließkurve im Zugversuch ermitteln. Zu diesem Zweck werden Zugproben durch Kaltumformung verschieden vorverfestigt, und man setzt die Fließkurven oberhalb der Streckgrenze aus den einzelnen Zugversuchen mit der Kurve einer nicht verfestigten Zugprobe zusammen. Bei Formänderungen von mehr als 20 % fallen nun aber Streckgrenze und Zugfestigkeit zusammen, d.h. der Bruch tritt gleich nach Erreichen der Streckgrenze ein. Dies ist vor allem bei dem zu untersuchenden vergüteten Stahl der Fall. Die Kaltfließkurve ergibt sich hier also durch Auftragen der Zugfestigkeitswerte in Abhängigkeit von der jeweiligen Hauptformänderung. Die Formänderung setzt sich zusammen aus der durch den Vorverfestigungsvorgang hervorgerufenen und dem Anteil des Zugversuches.

Für die Zugversuche zur Aufstellung der Kaltfließkurven standen Blechstreifen der in der Tabelle 1 aufgeführten Stähle, auf Sägenqualität vergütet, zur Verfügung. Die Verfestigung der Proben wurde durch Kaltwalzen vorgenommen, das dankenswerterweise vom Max-Planck-Institut in Düsseldorf durchgeführt wurde. Die Proben wurden bis zu Dickenabnahmen von 10, 20, 30, 40, 45, 50 und 55 % ausgewalzt, wobei die größte Gesamtdickenabnahme in 20 bzw. 21 Walzstichen erreicht wurde.

Der genormten Probenform entsprechend wurde für die Zugproben zunächst ein Querschnitt von 2 x 15 mm$^2$ gewählt. Da aber bei dieser Probenabmessung die Zugstäbe zum Teil im Spannkopf rissen, mußte auf einen Querschnitt von 2 x 10 mm$^2$ übergegangen werden (Abb. 11). Das Ausglühen der Einspannenden, vor allem bei den stark ausgewalzten Proben, war erforderlich, um ein Festhalten durch die Klemmbacken zu ermöglichen. Die Werte der Zugversuche sind in der Tabelle 3 wiedergegeben.

Die Darstellung der Kaltfließkurven in Abbildung 12 zeigt eine nur geringe Abweichung zwischen den Werten der untersuchten Stähle, und es wurde daher eine gemeinsame Kurve eingezeichnet. Für logarithmische Hauptformänderungen von $\varphi = 0,8$ steigt die Formänderungsfestigkeit bis zu $k_f = 170$ kp/mm$^2$ an. Hieraus erkennt man die hohen Umformkräfte, die zur Kaltumformung des vergüteten Sägenstahles erforderlich sind. Zum Vergleich ist die Kaltfließkurve eines weichgeglühten 20 MnCR 5 Stahles eingetragen, die aus den VDI-Blättern entnommen ist. Man sieht, daß der Verlauf hier ähnlich ist, wobei der Unterschied in der verschiedenen Lage des Bereiches der Formänderungsfestigkeit liegt. Eine logarithmische Hauptformänderung von $\varphi = 0,8$ wird hier schon bei Formänderungsfestigkeiten von 80 bis 90 kp/mm$^2$ erreicht.

Für die im Abschnitt 4 beschriebenen Modellversuche ist in der Abbildung 12 auch die Kaltfließkurve für Aluminium Al 99,5 eingezeichnet, die der geringen Festigkeit des Werkstoffes entsprechend bei sehr kleinen $k_f$-Werten liegt.

### Kaltfließkurven im doppellogarithmischen System

In der Abbildung 13 ist die im Zugversuch ermittelte Kaltfließkurve für den nickellegierten Sägenstahl 75Ni10 im doppellogarithmischen System aufgetragen. Gleichzeitig wurde die für den gleichen Stahl im Druckversuch gefundene Beziehung zwischen Formänderungsfestigkeit und logarithmischer Formänderung eingezeichnet. Abgesehen von dem versuchsmäßig bedingten Streubereich bei sehr kleinen $\varphi$-Werten ergeben sich im doppellogarithmischen System für beide Bestimmungsarten der Kaltfließkurve Geraden, die mit guter Übereinstimmung ineinander übergehen. Der Schnittpunkt der eingezeichneten elastischen Linie mit der Geraden des anschließenden Formänderungsbereiches legt den Übergang von der elastischen zur plastischen Umformung auf etwa 80 kp/mm$^2$ fest, was einer

## Tabelle 3

Versuchswerte zur Kaltfließkurvenbestimmung im Zugversuch

| Zugkraft<br>P<br>[kp] | Probenquer-<br>schnitt<br>F<br>[mm$^2$] | Formänderungs-<br>festigkeit<br>$k_f = P/F$<br>[kp/mm$^2$] | Logarithmische<br>Hauptformänderung<br>$\varphi$ |
|---|---|---|---|
| **nickellegierter Stahl 75Ni10** | | | |
| 1830 | 14,40 | 127,0 | 0,030 |
| 2245 | 16,48 | 136,5 | 0,105 |
| 2075 | 14,57 | 142,5 | 0,223 |
| 1890 | 12,81 | 147,5 | 0,356 |
| 1840 | 11,85 | 155,3 | 0,527 |
| 1665 | 10,43 | 160,0 | 0,616 |
| 1600 | 10,13 | 158,0 | 0,693 |
| 1575 | 9,80 | 160,8 | 0,693 |
| 1540 | 9,26 | 166,3 | 0,776 |
| 1510 | 9,15 | 165,0 | 0,776 |
| Streckgrenze: 117,2 kp/mm$^2$ | | | |
| **Chrom-Vanadium-Stahl 80 CrV 2** | | | |
| 2815 | 21,60 | 130,3 | 0,05 |
| 2580 | 18,65 | 138,4 | 0,11 |
| 2450 | 16,70 | 146,8 | 0,22 |
| 2050 | 13,90 | 147,8 | 0,39 |
| 1940 | 12,30 | 157,7 | 0,54 |
| 1735 | 10,70 | 162,1 | 0,69 |
| 1580 | 9,90 | 159,7 | 0,69 |
| Streckgrenze: 120,9 kp/mm$^2$ | | | |
| **Elektrostahl C 85 WS** | | | |
| 2631 | 20,40 | 129,0 | 0,025 |
| 2525 | 18,35 | 137,8 | 0,105 |
| 2360 | 16,35 | 144,2 | 0,223 |
| 2130 | 14,25 | 149,6 | 0,356 |
| 1890 | 11,89 | 159,1 | 0,527 |
| 1730 | 11,40 | 151,8 | 0,598 |
| 1678 | 10,60 | 158,1 | 0,683 |
| 1525 | 9,32 | 163,6 | 0,821 |
| Streckgrenze: 112,0 kp/mm$^2$ | | | |
| **Wolfram-Molybdän-Stahl 70WMo** | | | |
| 2620 | 20,80 | 126,0 | 0,04 |
| 2485 | 16,90 | 147,0 | 0,24 |
| 2200 | 14,30 | 154,0 | 0,37 |
| 2080 | 12,70 | 163,8 | 0,62 |
| 1660 | 10,55 | 157,2 | 0,69 |
| 1710 | 10,65 | 160,7 | 0,69 |
| 1590 | 9,20 | 172,9 | 0,81 |
| Streckgrenze: 118,1 kp/mm$^2$ | | | |

Formänderung von $\varphi = 0,004$ entspricht. Aus der Darstellung der Fließkurve in der Abbildung 12 konnte dieser Punkt nicht genau bestimmt werden. Bei hohen $\varphi$-Werten von etwa 0,4 bis 0,5 zeichnet sich ein weiterer Knickpunkt im Verlauf der doppellogarithmisch aufgetragenen Kaltfließbeziehung ab. Die doppellogarithmische Darstellung gibt durch die Zusammenfassung der im Druck- und Zugversuch aufgenommenen Kurvenanteile einen Überblick über einen großen Formänderungsbereich. Der gute Anschluß beider Kurventeile zeigt, daß die Bestimmung im einfachen Druckversuch trotz großer Streuung brauchbare Ergebnisse im Bereich kleiner Formänderungen geliefert hat.

## 2.3 Kaltfließkurve und Kaltverfestigung

Die Fließkurve der vergüteten Sägenstähle in der Abbildung 12 zeigt oberhalb des Fließgrenzenbereiches von 112 bis 120 kp/mm$^2$ eine beträchtliche Kaltverfestigung bis auf Werte von ungefähr 170 kp/mm$^2$. Kann man nun bei einer Umformung die Kaltverfestigung durch Bestimmung der Formänderungsfestigkeit örtlich messen, so kann man aus der Fließkurve die zugehörige Formänderung ermitteln. Bei der zu betrachtenden Umformung am Sägenzahn lassen sich aber als Nachweis der Kaltverfestigung nur die Härtewerte bestimmen. Es gilt daher, im bildsamen Bereich eine Beziehung zwischen den Fließspannungen und den Härtewerten herzustellen. Hierüber ist im Schrifttum nichts bekannt.

Durch eine Härteprüfung der kaltgewalzten Zugproben wurde ein Zusammenhang zwischen der logarithmischen Hauptformänderung und der Härte hergestellt. Die Ergebnisse sind in der Abbildung 14 wiedergegeben. Für die untersuchten Stähle ergibt sich nahezu der gleiche Verlauf. Der Chrom-Vanadium-Stahl 80CrV2 und der Wolfram-Molybdän-Stahl 70WMo liegen jedoch, einer höheren Ausgangshärte vor dem Kaltwalzen entsprechend, in einem höheren Härtebereich als die Stähle 75Ni10 und C85WS. Bei einer logarithmischen Hauptformänderung bis zu $\varphi = 0,8$ ergibt sich jeweils ein Härteanstieg von rd. 7 HRC-Einheiten.

Der Härteverlauf hat für die untersuchten Werkstoffe zwei Knickpunkte, und zwar bei $\varphi < 0,1$ und bei $\varphi \approx 0,5$. Dies sind ungefähr die Formänderungsbereiche, bei denen in der doppellogarithmischen Darstellung der Kaltfließkurve ebenfalls deutliche Knickpunkte auftreten. Dieser Zusammenhang ist natürlich, da ja sowohl die Kaltverfestigung als auch die Härtesteigerung durch zunehmende Formänderung hervorgerufen wird. Diese Beziehung kommt auch in dem monotonen Verlauf der Abhängigkeit zwischen der Formänderungsfestigkeit $k_f$ und der Härte zum Ausdruck, die in der Abbildung 15 dargestellt ist.

## 3. Idealisierte Vergleichsversuche an Blechstreifen

### 3.1 Versuchsaufbau und Umformbedingungen

Die Kaltumformung am Sägenzahn ist nur schwer auswertbar, da beim Gleitstauchen eine stark unsymmetrische Umformung vorliegt und vor allem für den Umformdruck keine genaue Zuordnung zu einer Fläche möglich ist. Es wurden daher zur Klärung der Grundvorgänge bei der örtlich begrenzten Kaltumformung von vergütetem Sägenstahl Vergleichsversuche vorgenommen, bei denen ein zylindrischer Bolzen in aufrecht gestellte Blechstreifen eingedrückt wird. Hierbei handelt es sich um eine symmetrische Beanspruchung des Werkstoffes. Außer am vergütetem Sägenblech wurden die Versuche vergleichsweise auch an weichgeglühtem unlegiertem Stahl (0,022 C; 0,33 Mn; 0,04 Si; 0,037 P; 0,013 S) und an Aluminium (Al 99,5) durchgeführt.

Ein erster Angleich an den unsymmetrischen Umformvorgang bei der Zahnumformung ist durch Zusatzversuche mit Drehung des Bolzens während des Eindrückens erreicht worden. In späteren Modellversuchen wird dann auch ein Modell des Originalstauchbolzens, also nicht nur ein zylindrischer Bolzen eingesetzt.

Die Versuche wurden in einer ölhydraulischen Druckvorrichtung mit 8 Mp Belastbarkeit (Abb. 16) durchgeführt, die, um möglichst genaue Ergebnisse zu erhalten, mit verlängerten Führungen in Druckvorrichtung versehen wurde. Außerdem wurden der Umformbolzen und das umzuformende Blech zur Erzielung einer zentrischen Belastung zum Kraftmeßring genau ausgerichtet. Um eine Verfälschung durch Eindrücken des Bolzens in die obere Abstützplatte zu vermeiden, wurde der Bolzen vor den eigentlichen Versuchen unter Höchstlast gegen die Auflage gedrückt, so daß anschließend kein weiteres Eindringen möglich war. Das umzuformende Blech wurde durch ein hartes Unterlegstück am Eindringen in die untere Auflagefläche gehindert.

Zur seitlichen Unterstützung wurden die Blechproben in Klemmbacken gehalten. Hierbei war es erforderlich, an der Umformstelle eine große Aussparung vorzunehmen, um eine Beeinflussung der Umformung durch das Einspannen der Bleche zu vermeiden. Eine Verringerung der Einspannfläche erhöht jedoch die Möglichkeit des seitlichen Ausknickens. Die Auflage-

und die Druckfläche der Bleche mußten daher genau parallel zueinander und senkrecht zu den Seitenflächen geschliffen werden. Die Abbildung 17 zeigt Probestreifen von vergütetem Stahlblech und Aluminium mit Bolzeneindrücken bei unterschiedlicher Belastung.

## 3.2 Kraftrichtungen beim Bolzen-Eindrücken

Bei den Vergleichsversuchen ohne Bolzendrehung wird die Umformkraft durch eine vertikale Hubbewegung aufgebracht. Es ergeben sich - hervorgerufen durch die Bolzenform des Druckwerkzeuges - Normalkräfte senkrecht zur Bolzenoberfläche und tangential gerichtete Schubkräfte, wie sie in der Abbildung 18a dargestellt sind. Die Normalkräfte entsprechen dem Umformwiderstand des Werkstoffes und nehmen mit diesem vom Rand des Bolzeneindruckes zur tiefsten Stelle der Umformmulde hin zu. Die Tangentialkräfte sind in ihrer Größe von der Reibung abhängig und jeweils zur Mitte der Umformmulde gerichtet. Die Beanspruchung des Werkstoffes ist somit symmetrisch, die Kraftresultierenden sind gegenüber den Normalkräften in Richtung der Hubbewegung des Bolzens geneigt.

Wird der Bolzen während seiner Hubbewegung gedreht (Abb. 18b), so wirkt sich die aus Hub und Drehung resultierende Bewegung auf die Reibung und damit auf die Richtung der tangentialen Schubkräfte aus. Da die Drehung schneller als der Hub erfolgt, liegt die resultierende Bewegung in Drehrichtung und wird durch den Hub lediglich auf der einen Hälfte der Umformmulde verstärkt, auf der anderen verringert. Die Tangentialkräfte verlaufen nunmehr im ganzen Umformbereich gleichsinnig in Richtung der Bolzendrehung. Die Kraftresultierenden sind gegenüber den Normalkräften alle zur gleichen Seite in Drehrichtung des Bolzens geneigt, und die Beanspruchung des umzuformenden Teiles ist daher unsymmetrisch. Die nur vom Umformwiderstand des Werkstoffes abhängigen Normalkräfte werden durch die Bolzendrehung nicht beeinflußt.

Das in den weiteren Untersuchungen beobachtete tiefere Eindringen des Umformbolzens durch die Bolzendrehung bei einer bestimmten Belastung (s. Abb. 24) läßt sich dadurch erklären, daß durch die nun wesentlich stärkere Bewegung an der Berührfläche eine geringere Reibung auftritt. Während beim Eindrücken ohne Bolzendrehung nahezu der Reibwert der Ruhe zur Geltung kommt, ist bei Bolzendrehung die Reibung der Bewegung maßgebend; die Reibungsverluste sind somit geringer.

## 3.3 Ermittlung des Formänderungswiderstandes

Die Umformbelastung bezogen auf die wirksame Druckfläche ergibt im vorliegenden Fall einen mittleren Formänderungswiderstand. Da durch die Art der örtlich begrenzten Umformung nicht nur Umformkräfte, sondern gleichzeitig äußere und innere Reibkräfte mitgemessen werden, wird die Formänderungsfestigkeit, wie sie bei einer reinen Druckbeanspruchung auftreten würde, hier um die Reibanteile erhöht. Das Verhältnis des Formänderungswiderstandes $k_w$ zur Formänderungsfestigkeit $k_f$ wird in der Beziehung $k_w = k_f / \eta_F$ ausgedrückt, wobei $\eta_F$ als Formänderungswirkungsgrad bezeichnet wird.

Der mittlere Formänderungswiderstand wurde nun bei verschiedenen Belastungen, verschiedenen Durchmessergrößen des Umformbolzens und bei verschiedenen Werkstoffen ermittelt. Die Berechnung der jeweiligen Fläche erfolgte näherungsweise aus Breite und Tiefe des Eindruckes, wobei die seitliche Auswölbung durch einen Parabelbogen angenähert wurde (Abb. 19). Die Versuchswerte und die Berechnungen des Formänderungswiderstandes sind in der Tabelle 4 wiedergegeben, und zwar für die vergüteten Sägenstähle 75Ni10 und 80 CrV 2 und zum Vergleich für den weichgeglühten unlegierten Stahl und Aluminium. Für den Chrom-Vanadium-Stahl sind zusätzlich Werte bei Drehung des Bolzens während der Umformung aufgenommen worden.

Der zunehmenden Kaltverfestigung entsprechend müßte - wie es sich aus den Kaltfließkurven (Abb. 12) ergibt - mit steigender Belastung eine Erhöhung der zu überwindenden Formänderungsfestigkeit und damit des Formänderungswiderstandes auftreten. Dies trifft aber nur für den weichgeglühten Stahl und Aluminium - und auch dort nur in geringem Maße - zu; bei den Proben aus vergütetem Stahl fallen die $k_w$-Werte mit zunehmender Umformung sogar etwas ab. Hierfür läßt sich folgende Erklärung finden:

Durch die Art der vorliegenden Umformung mit einer starken seitlichen Auswölbung an der Berührungsfläche zum Umformwerkzeug tritt eine Kaltverfestigung nicht über die ganze Breite der erzeugten Probenoberfläche auf. Die Randzonen bleiben, wie spätere Untersuchungen der Härtesteigerung beim Gleitstauchen zeigen, nahezu auf Ausgangshärte, und der somit nicht kaltverfestigte Bereich der Druckfläche nimmt mit fortschreitender Breitung zu. Um genauere Werte des Formänderungswiderstandes zu erhalten, müßte die eingesetzte Fläche also kleiner sein als die aus

## Tabelle 4

Berechnung des Formänderungswiderstandes $k_w$ beim Eindrücken eines zylindrischen Bolzens in Blechstreifen verschiedener Werkstoffe

| Belastung P [Mp] | größte Breite $b_{1\,max}$ [mm] | Eindringtiefe $h_{max}$ [mm] | Druckfläche $F = \dfrac{(2b_{1max} + b_o)\cdot l}{3}$ [mm²] | | mittlerer Formänderungswiderstand $k_w$  $k_{w'}$ [kp/mm²] | |
|---|---|---|---|---|---|---|
| \multicolumn{7}{l}{Vergüteter Sägenstahl 80 CrV 2} |
| \multicolumn{7}{l}{- Bolzen (10 mm ⌀) nicht gedreht:} |
| 1 | 2,32 | 0,10 | 4,53 | | 220 | |
| 2 | 2,70 | 0,42 | 10,1 | | 198 | |
| 3 | 3,01 | 0,82 | 15,0 | | 200 | |
| 4 | 3,37 | 1,53 | 21,3 | | 188 | |
| 5 | 3,70 | 2,52 | 27,7 | | 181 | |
| 6 | 4,11 | 3,53 | 32,8 | | 183 | |
| \multicolumn{4}{l}{- Bolzen (10 mm ⌀) gedreht:} | F' | | |
| 2 | 3,20 | 0,69 | 14,6 | 19,5 | 137 | 148 |
| 3 | 3,78 | 1,37 | 22,1 | 19,7 | 136 | 152 |
| 4,25 | 5,00 | 2,66 | 35,8 | 28,4 | 119 | 150 |
| \multicolumn{7}{l}{- Bolzen (13 mm ⌀) nicht gedreht:} |
| 3 | | | 14,5 | | 207 | |
| 4 | | | 20,7 | | 194 | |
| 5 | | | 26,2 | | 191 | |
| 6 | | | 35,5 | | 169 | |
| \multicolumn{7}{l}{Vergüteter Sägenstahl 75Ni10} |
| \multicolumn{7}{l}{- Bolzen (10 mm ⌀) nicht gedreht:} |
| 2 | 2,70 | 0,55 | 11,2 | | 178 | |
| 3 | 3,20 | 1,07 | 17,3 | | 174 | |
| 5 | 3,85 | 2,90 | 29,4 | | 170 | |
| \multicolumn{7}{l}{Weichgeglühter unlegierter Stahl} |
| \multicolumn{7}{l}{- Bolzen (10 mm ⌀) nicht gedreht:} |
| 0,2 | 2,05 | 0,12 | 4,36 | | 46 | |
| 0,4 | 2,16 | 0,28 | 6,94 | | 58 | |
| 0,6 | 2,30 | 0,54 | 9,90 | | 61 | |
| 0,8 | 2,37 | 0,90 | 12,8 | | 63 | |
| 1,0 | 2,55 | 1,14 | 15,0 | | 67 | |
| \multicolumn{7}{l}{- Bolzen (13 mm ⌀) nicht gedreht:} |
| 0,6 | | | 10,5 | | 57 | |
| 1,0 | | | 15,8 | | 63 | |
| 2,0 | | | 28,2 | | 71 | |
| \multicolumn{7}{l}{Aluminium} |
| \multicolumn{7}{l}{- Bolzen (10 mm ⌀) nicht gedreht:} |
| 0,2 | 2,28 | 0,15 | 5,3 | | 38 | |
| 0,4 | 2,51 | 0,49 | 10,3 | | 39 | |
| 0,6 | 2,75 | 0,97 | 14,8 | | 40,5 | |
| 0,8 | 3,00 | 1,51 | 19,2 | | 41,5 | |
| 1,0 | 3,18 | 2,15 | 23,0 | | 43,5 | |

der Breitung zu berechnende, und zwar mit zunehmender Umformung um progressiv steigende Beträge. Bei einem bestimmten Umformgrad ist die Differenz des angegebenen mittleren Formänderungswiderstandes zur Formänderungsfestigkeit somit geringer als es den auftretenden Verlusten entspricht.

Für die Versuche mit Drehung des Bolzens während der Umformung wird die Verfälschung bei der Berechnung des Formänderungswiderstandes besonders deutlich, da hier eine zusätzliche Breitung auftritt. Zum Vergleich wird ein umgerechneter Formänderungswiderstand $k_w'$ angegeben, bei dem eine Fläche F' der Versuche am gleichen Werkstoff aber ohne Bolzendrehung zugrunde gelegt wurde, die der mit Bolzendrehung erreichten Eindringtiefe entspricht. Auch nach dieser Umrechnung sind die $k_w$-Werte im Vergleich zu den Formänderungsfestigkeiten der Kaltfließkurve von etwa 150 kp/mm$^2$ im mittleren Formänderungsbereich zu niedrig - dies würde sonst einer verlustlosen Umformung entsprechen, die aber nicht vorliegen kann. Die $k_w$-Bestimmung kann daher nur für eine vergleichende Gegenüberstellung der Umformversuche herangezogen werden, nicht aber für die Aufstellung eines dabei maßgebenden Formänderungswirkungsgrades.

In der Abbildung 20 sind die ermittelten Formänderungswiderstände für die verschiedenen Werkstoffe über der zugehörigen Belastung aufgetragen. Die Änderung der Bolzengröße wirkt sich, wie die Diagramme zeigen und wie zu erwarten war, auf den Formänderungswiderstand nicht aus; die erzielbare Fläche muß bei gleichem Werkstoff und gleicher Belastung gleich sein. Wird der Bolzen jedoch während des Umformvorganges gedreht (Stahl 80 CrV 2 in Abb. 20a), so wird der Formänderungswiderstand kleiner, d.h. zur Erreichung gleicher Flächen sind geringere Belastungen erforderlich. Hierin zeigt sich der Einfluß der Reibungsminderung durch die Bolzendrehung. Die Abnahme des Formänderungswiderstandes gegenüber der Umformung ohne Drehung des Bolzens beträgt im untersuchten Fall 25 bis 30 %.

Der nickellegierte Stahl 75Ni10 ergibt im Vergleich zum Chrom-Vanadium-Stahl geringere Formänderungswiderstände. Hierauf wird bei der Beziehung zwischen Formänderungswiderstand und Umformgrad (Abschn. 3.8) näher eingegangen. Die Kurven für weichgeglühten, unlegierten Stahl und Aluminium (Abb. 20b) sind wegen des geringeren Belastungsbereiches gesondert aufgetragen.

In Ergänzung zu der Betrachtung des Formänderungswiderstandes bei verschiedenen Umformbedingungen ist in der Abbildung 21 die jeweilige

Druckfläche F in Abhängigkeit von der Belastung P wiedergegeben. Entsprechend der nur geringen Änderung der $k_w$-Werte mit fortschreitender Umformung lassen sich die Beziehungen $F = f(P)$ durch Geraden annähern. In bezug auf die verschiedenen Werkstoffe und den Einfluß des Bolzendurchmessers und der Bolzendrehung gilt das zur Abbildung 20 Gesagte.

### 3.4 Verdrängtes Volumen, Breitung und Eindringtiefe in ihrer Abhängigkeit von der Umformkraft

Das verdrängte Volumen V ist der Teil der Probe in der Ausgangsbreite vor der Umformung, der von dem eindringenden Bolzenabschnitt ausgefüllt wird (s. Abb. 19), und es entspricht dem Volumen, das nach der Umformung an anderer Stelle, nämlich in der seitlichen Aufwölbung, zu finden ist. Wie die Aufnahmen der Abbildung 17 zeigen, steigt kein Werkstoff in Gegenrichtung zur Hubbewegung des Bolzens über die Ausgangsoberfläche hinaus. Das verdrängte Volumen ist ein Maßstab für die geleistete Umform-Arbeit, da es die Breitung des Werkstoffes und die Eindringtiefe des Bolzens erfaßt. Es soll daher in seiner Beziehung zu den einzelnen Umformgrößen betrachtet werden.

Zunächst sei das verdrängte Volumen in Abhängigkeit von der Umformkraft dargestellt (Abb. 22); es nimmt für alle Werkstoffe, für verschiedene Bolzendurchmesser, sowie mit und ohne Drehung des Bolzens bezogen auf die Umformkraft progressiv zu.

Bei Bolzendrehung während der Umformung kann - wie bereits angedeutet - mit gleicher Kraft ein größeres Volumen verdrängt werden, da die für die eigentliche Formänderung durch Reibung verlorengehenden Anteile verringert werden. Der Unterschied zur Umformung ohne Bolzendrehung ist hier sogar größer als bei der Betrachtung des Formänderungswiderstandes gefunden wurde; das verdrängte Volumen nimmt bei Drehung des Bolzens um etwa 40 % zu. Es macht sich auch eine Vergrößerung des Bolzendurchmessers bemerkbar, und zwar wird V bei gleicher Belastung mit zunehmendem Bolzendurchmesser geringer. Der Bolzen dringt bis zur Erreichung einer gleichen Druckfläche, die nach Abbildung 21 vorliegt, bei kleinerem Durchmesser tiefer ein.

Zum Vergleich des Anstieges der Kurve für die Aluminium-Probe mit dem der Proben aus vergütetem Sägenstahl wurden die Werte der Al-Kurve zusätzlich in einem fünffachen vergrößerten Maßstab für die Umformkraft P eingetragen. Sie fügen sich dann gut in den Verlauf der Kurve für die

Probe aus Chrom-Vanadium-Stahl ein, die wie die Al-Probe ohne Bolzendrehung umgeformt wurde.

Die jeweils größte Breitung in der Umformzone $(b_1 - b_0)_{max}$ steigt bei den einzelnen Umformversuchen mit der Umformkraft P proportional bzw. nahezu proportional an (Abb. 23). Dies stimmt mit dem progressiven Anstieg der Volumenkurve der Abbildung 22 überein, wenn man gleichzeitig die Zunahme der Fläche F mit der Umformkraft betrachtet. Da F nahezu proportional mit P wächst, muß der in gleicher Weise verlaufenden Breitungszunahme ein ebenfalls proportionaler Anstieg der Sehnenlänge des Bolzeneindruckes entsprechen, d.h. die Fläche muß sich ähnlich bleiben. Durch die Kreisbogenform der Eindruckwölbung bedingt dies aber eine progressive Zunahme der Eindringtiefe und damit des verdrängten Volumens.

Bei der Darstellung der jeweils größten Breitung über der Umformkraft fällt auf, daß gerade die Kurve für den Versuch am vergüteten Stahl 80 CrV 2 mit Drehung des Bolzens während der Umformung im Gegensatz zu den Kurven ohne Bolzendrehung nicht ganz proportional verläuft, sondern etwas progressiv ansteigt. Die Breitungszunahme durch Bolzendrehung nimmt dadurch mit steigender Umformkraft von 30 % auf über 50 % bei 5 Mp Belastung zu. Diese große Oberflächenbreitung entspricht aber der beim Gleitstauchen erwünschten Umformung und erklärt gleichzeitig die geringen $k_w$-Werte der Tabelle 4 für diesen Umformfall.

Für einen größeren Bolzendurchmesser ergeben sich bei gleicher Belastung geringere Werte für die Breitung. Dies bedingt die hier größere Eindrucklänge bei nahezu gleicher Druckfläche. Bedenkt man, daß eine große Breitung für die vorliegende Umformung von Bedeutung ist, so ist für eine spätere Betrachtung der Sägenzahnformung festzuhalten, daß der Durchmesser des Umformbolzens möglichst klein gewählt werden muß. Die Kurve der Aluminium-Probe entspricht auch hier in ihrem Verlauf der Umformung an vergütetem Stahl; in beiden Fällen ergibt sich ein proportionaler Anstieg der Breitung in bezug auf die Umformkraft. Der weichgeglühte, unlegierte Stahl verhält sich dagen anders, da hier schon ohne Bolzendrehung die Breitungszunahme progressiv ist.

Als Ergänzung zu den Darstellungen des verdrängten Volumens und der Breitung in Abhängigkeit von der Umformkraft sind die größten Eindringtiefen $h_{max}$ des Umformwerkzeuges, die der Bolzenform entsprechend in der Mitte des Umformbereiches liegen, ebenfalls über der Belastung aufgetragen (Abb. 24). Der progressive Verlauf entspricht der Beziehung $V = f(P)$, wobei auch für die einzelnen Umformfälle das dort Gesagte gilt. Die Darstellungsart ist aber für die Beanspruchung weniger aufschlußreich, da hier gegenüber dem verdrängten Volumen die Werkstoffausgangsbreite $b_o$ nicht eingeht.

### 3.5 Die Breitung in bezug auf die Eindringtiefe des Umformbolzens und ihre Verteilung im Umformbereich

Die zur Erreichung einer bestimmten größten Breitung in der Mitte der Umformmulde erforderlichen Eindringtiefen des Bolzens sind in der Abbildung 25 dargestellt, und zwar für den jeweiligen Umformfall mit zunehmender Belastung. Ohne Drehung des Bolzens während der Umformung nimmt die Eindringtiefe schneller zu als die Breitung; die Beziehung $h_{max} = f\left((b_1-b_o)_{max}\right)$ steigt progressiv an. Bei der Umformung mit Bolzendrehung ist der Verlauf jedoch für Werte der jeweils größten Breitung über 1 mm proportional. Hier wird somit eine große Oberflächenbreitung erreicht, ohne daß die Eindringtiefe so stark zunimmt wie bei einer Umformung ohne Bolzendrehung. Dies ist aber für das Gleitstauchen wichtig, da eine große Eindringtiefe den Zahnquerschnitt zu sehr schwächen würde. Somit zeigt sich immer wieder, daß die Drehung des Bolzens während der Umformung das ausschlaggebende Merkmal des Gleitstauchvorganges ist.

Bei den Aluminium-Proben wurden bei gleichen Eindringtiefen geringere Breiten erreicht als bei den Proben aus vergütetem Sägenstahl. Das Aluminium liegt aber günstiger zu den Sägenstahl-Proben als der weichgeglühte, unlegierte Stahl, der noch geringere Breitungen aufweist. Eine Vergrößerung des Bolzendurchmessers verlangt eine größere Eindringtiefe, um auf die durch den kleinen Bolzen erzeugte Breitung zu kommen, was wiederum in bezug auf die beim Gleitstauchen gewünschte Umformung ungünstig ist.

Die unterschiedliche Oberflächenbreitung bei gleichen Eindringtiefen und damit gleichem verdrängten Volumen muß sich auf die Form der seitlichen Auswölbung in ihrem Verlauf senkrecht zur Zahnbrust auswirken. Eine größere Oberflächenbreitung bedingt eine geringere Tiefenwirkung der Umformung oder eine Breitungsabnahme in den Zonen unter der Oberfläche.

Die Abbildung 26a zeigt den Breitungsverlauf senkrecht zur Zahnbrust in der Mitte der Umformmulde für den vergüteten Sägenstahl 80 CrV 2 mit und ohne Drehung des Bolzens während der Umformung und vergleichsweise für Aluminium, und zwar jeweils bei gleicher Eindringtiefe des

Umformwerkzeuges. Die größere Oberflächenbreitung durch Bolzendrehung für den vergüteten Sägenstahl wirkt sich, wie das Diagramm zeigt, auf die Umformtiefe nicht aus. Die Kurve für den Fall mit Bolzendrehung nähert sich schnell dem Kurvenverlauf der Umformung ohne Drehung des Bolzens, die beiden Kurven sind sich also nicht ähnlich. Dies ist verständlich, da durch die Bolzendrehung keine vermehrte Umformkraft auftritt, sondern lediglich die Reibung an der Berührfläche herabgesetzt wird.

Bei der Aluminiumprobe nimmt die Breitung unter der Oberfläche nicht ganz so schnell ab, wie bei vergütetem Stahl. Außerdem ergibt sich hier eine etwas größere Tiefenwirkung der Umformung, die sich durch die größere Umformbarkeit des Aluminiums erklären läßt.

In einer weiteren Gegenüberstellung (Abb. 26) ist für die gleichen Umformfälle der Verlauf der Breitung ($b_1-b_0$) über der Länge des Bolzeneindruckes aufgetragen, ebenfalls bei jeweils gleicher Eindringtiefe des Umformwerkzeuges. Der Kreisbogen des Umformeindruckes, der den Verlauf der Eindringtiefe wiedergibt, wurde eingezeichnet. In Ausweitung der Darstellung der Abbildung 25 sind die dort für die Stelle der größten Breitung in der Mitte der Umformmulde gemachten Betrachtungen hier auf die ganze Länge des Umformbereiches ausgedehnt.

Der Kurvenverlauf ist für die drei dargestellten Umformfälle ähnlich. Um den Breitungsverlauf zur Deckung zu bringen, d.h. um eine gleiche Oberflächenauswölbung zu erreichen, muß man somit für die Stahlumformung ohne Bolzendrehung und die Aluminium-Umformung jeweils eine größere Eindringtiefe des Bolzens vorsehen.

### 3.6 Formfaktor und Steifheitsfaktor für die seitliche Auswölbung

Die große Breitung an der Oberfläche ist zwar für die vorliegende Umformung wichtig, weiterhin spielt es aber eine Rolle, wie tief die Breitung sich erstreckt und wie die Auswölbung von der Oberfläche aus in den Werkstoff hinein verläuft. Dies ist von Bedeutung, da eine Versteifung der Oberflächenbreitung durch die tiefer liegenden Bereiche der Umformzone gegeben sein muß. Gleichzeitig ist die Form der Auswölbung für den Vergleich des Umformverhaltens verschiedener Werkstoffe und für die Auswahl eines Modellwerkstoffes geeignet.

Zunächst wird ein Formfaktor f für die seitliche Ausbauchung eingeführt. Er soll den Anteil des umgeformten Volumens erfassen, der als Aufwölbung über die Flächen entsteht (Abb. 27), die von den Ecken A und E des

Bolzeneindruckes und den beiden entsprechenden Eckpunkten der nicht dargestellten Probenhälfte zu den Verbindungslinien C D und F H zwischen der breitesten Stelle F C und den im zugehörigen Querschnitt liegenden Übergangspunkten H und D von der Auswölbung zum Ausgangsquerschnitt verlaufen.

Das ohne die erwähnte Aufwölbung seitlich über die Ausgangsfläche hinausragende Volumen sei stark idealisiert durch 4 gleiche Pyramiden, von denen eine die Pyramide ABCD der Abbildung 27 ist, wie folgt ausgedrückt:

$$V' = 4 \cdot 1/3 \; \frac{(b_{1max}-b_o)/2 \cdot t}{2} \cdot \frac{l}{2} = \frac{(b_{1max}-b_o) \cdot t \cdot l}{6} \; . \qquad (1)$$

Für das wirkliche umgeformte Volumen ist nun einzusetzen:

$$V = V' \cdot f = \frac{(b_{1max}-b_o) \cdot t \cdot l \cdot f}{6} \; , \qquad (2)$$

und es ist:

$$f = \frac{6 \cdot V}{(b_{1max}-b_o) \cdot t \cdot l} \; . \qquad (3)$$

Für die verschiedenen Umformfälle sind diese Formfaktoren f ausgerechnet und zum Vergleich in der Tabelle 5 zusammengestellt worden.

In die Formel zur Bestimmung des Formfaktors wurde für V das verdrängte Volumen eingesetzt, das dem seitlich angelagerten umgeformten Volumen entsprechen muß; l ist die Sehnenlänge des Umformeindruckes. Bei den herausgegriffenen Beispielen liegen die f-Werte zwischen 1,5 und 2,3, d.h. also, daß 50 bis 130 % der Pyramidenanteile als Aufwölbung hinzukommen.

Eine durch Bolzeneindrücken umgeformte Probe ist umso bauchiger, je größer ihr Formfaktor ist. Bei der Betrachtung der f-Werte der Tabelle 5 zeigt sich nun, daß sie mit zunehmender Breitung sowohl durch Erhöhung der Belastung als auch durch Übergang zur Umformung mit Bolzendrehung abnehmen. Die Breitung wirkt also der seitlichen Ausbauchung entgegen.

Zur Verdeutlichung wurden die Formfaktoren über der jeweils größten Breitung $(b_1-b_o)_{max}$ aufgetragen (Abb. 28). Im gleichen Breitungsbereich ergeben sich für die betrachteten Fälle nahezu gleiche Formfaktoren. Dies trifft vor allem für die Versuche mit und ohne Bolzendrehung bei unvergütetem Sägenstahl zu, aber in Annäherung auch für die Aluminium-

Probe. Auch hierbei stimmt somit das Umformverhalten von Aluminium mit dem des vergüteten Sägenstahles - am Beispiel des Stahles 80 CrV 2 - weitgehend überein.

### Tabelle 5

Berechnung des Formfaktors f und des Steifheitsfaktors f'
für verschiedene Werkstoffe und Umformfälle - Bolzendurchmesser 10 mm

| Belastung P [Mp] | umgeformtes Volumen V [mm³] | Umformtiefe t [mm] | größte Breitung $(b_1-b_o)_{max}$ [mm] | Eindrucklänge l [mm] | Formfaktor $f = \frac{6 \cdot V}{(b_1-b_o)_{max} \cdot t \cdot l}$ | Steifheitsfaktor $f' = \frac{(b_1-b_o)_{max}}{2 \cdot t}$ |
|---|---|---|---|---|---|---|
| Vergüteter Sägenstahl 80 CrV 2 - Bolzen nicht gedreht: | | | | | | |
| 2 | 2,43 | 3,0 | 0,54 | 4,00 | 2,30 | 0,09 |
| 3 | 6,60 | 4,0 | 0,85 | 5,50 | 2,12 | 0,11 |
| 4 | 16,40 | 5,8 | 1,21 | 7,20 | 1,95 | 0,11 |
| Vergüteter Sägenstahl 80 CrV 2 - Bolzen gedreht: | | | | | | |
| 2 | 5,20 | 2,8 | 1,06 | 5,15 | 2,05 | 0,19 |
| 3 | 13,60 | 4,0 | 1,64 | 6,85 | 1,80 | 0,21 |
| 4,25 | 35,80 | 6,0 | 2,86 | 8,85 | 1,45 | 0,24 |
| Aluminium: - Bolzen nicht gedreht: | | | | | | |
| 0,2 | 0,46 | 2,4 | 0,22 | 2,40 | 2,20 | 0,05 |
| 0,4 | 3,08 | 4,4 | 0,45 | 4,35 | 2,20 | 0,06 |
| 0,6 | 8,02 | 5,4 | 0,69 | 5,90 | 2,15 | 0,06 |
| 0,8 | 15,40 | 6,6 | 0,94 | 7,15 | 2,08 | 0,07 |
| 1,0 | 25,50 | 8,0 | 1,12 | 8,20 | 2,05 | 0,07 |
| Sägenstahl - Gleitstauchvorgang: | | | | | | |
| - | 5,0 | 2,0 | 1,60 | 5,3 | 1,75 | 0,40 |

Die Werte für den Sägenzahn sind für eine spätere Gegenüberstellung im Abschn. 8.1 mit aufgeführt.

Zur Betrachtung der Aussageweite der f-Werte sei von einer bestimmten Breitung $(b_1-b_o)_{max}$ ausgegangen, die durch Verdrängung eines bestimmten Volumens V, das einer bestimmten Eindrucklänge l entspricht, erreicht worden ist. Je näher nun der Formfaktor f bei 1 liegt - Werte unter 1 sind wegen einer Verringerung der Steifheit ungünstig -, umso größer ist für diesen festgelegten Umformfall die Tiefe t des Umformbereiches.

Dies zeigt auch die Auflösung der Gleichung (3) nach t:

$$t = \frac{6 \cdot V}{(b_{1max} - b_o) \cdot f \cdot l} \cdot \qquad (4)$$

Ein kleiner f-Wert in Richtung auf den Grenzwert 1 ist also immer dann vorteilhaft, wenn die Umformtiefe t für die erforderliche Steifheit sonst nicht ausreicht. Bei gleichem f ist eine Erhöhung der Steifheit durch einen größeren t-Wert dann gegeben, wenn die Eindringtiefe des Bolzens zur Erreichung einer bestimmten Breitung und damit das verdrängte Volumen V größer ist. Der hiermit verbundene Anstieg von l, der die Umformtiefe verringert (s. Gleichung (4)), ist gegenüber der V-Zunahme durch die Zylinderform des Bolzens bedeutend kleiner.

Die jeweiligen V-Werte sind in der Tabelle 5 enthalten. Das verdrängte Volumen soll aber - wie bereits erwähnt - beim Gleitstauchen wegen einer sonst auftretenden Schwächung des Zahnquerschnittes nicht zu groß sein. Ein größeres Volumen ist bei kleinem f-Wert also nur dann vorteilhaft, wenn es zur Erreichung der erforderlichen Steifheit notwendig ist. Hierfür ist nun das Verhältnis der halben Breitung $(b_1 - b_o)_{max}/2$ zur Umformtiefe t maßgebend, das dem Tangens des Winkels BDC im Probenquerschnitt (Abb. 27) entspricht. Dieses Verhältnis $(b_1 - b_o)_{max}/2$ sei als Steifheitsfaktor f' bezeichnet. Seine Abhängigkeit zum Formfaktor f ergibt sich aus der Gleichung (4) zu

$$f' = \frac{(b_{1max} - b_o)}{2 \cdot t} = \frac{(b_{1\,max} - b_o)^2 \cdot f \cdot l}{12 \cdot V} \qquad (5)$$

Zur Beibehaltung der Steifheit muß t umso größer werden, je größer die Oberflächenbreitung ist, die durch $(b_1 - b_o)_{max}$ charakterisiert wird. Die Steifheit des ausgewölbten Querschnittes wird bei der vorliegenden Umformung also erhöht, je mehr der Faktor f' nach Null geht. Nimmt man nun einmal als größten nicht zu überschreitenden kritischen f'-Wert 1 an, was einem Winkel BDC von 45° entspricht, so läßt sich folgendes aussagen:

Je näher für einen Umformfall der Faktor f' an den Wert 1 kommt, umsomehr ist eine große Eindringtiefe des Bolzens zu vertreten (großes V), wenn dieses nicht statt Verringerung des f'-Wertes den f-Wert heraufsetzt. Nur bei gleichzeitiger Betrachtung der Faktoren f und f' läßt sich daher eine vergleichende Aussage über einen zu untersuchenden Umformfall machen.

Das Diagramm der Abbildung 28 ist nun durch die Beziehung f' = f (f) so ausgeweitet, daß man für eine bestimmte Breitung außer f auch den Faktor f' entnehmen kann. Die f'-Werte der untersuchten Umformfälle wurden in die Tabelle 5 eingetragen.

Bei allen betrachteten Beispielen steigt f' mit kleiner werdendem Formfaktor f und damit mit Zunahme der Breitung an. Für die Umformung mit Drehung des Bolzens liegen die Werte des Steifheitsfaktors f' höher als für den Fall ohne Bolzendrehung bei jeweils gleichem Werkstoff. Die kleine Ausbauchung (kleiner f-Wert) bei großer Breitung verhindert aber, daß f' zu groß wird. Es liegt mit 0,24 für die größte vorliegende Breitung, die in der Größenordnung der für das Gleitstauchen geforderten Breitung ist, noch weit unter dem als kritisch angenommenen Wert 1.

Für die Aluminium-Probe ist die Steifheit im gleichen Bereich der Breitung und bei gleichem Formfaktor f etwas größer als bei der entsprechenden Stahlumformung ohne Bolzendrehung. Die Umformtiefe t hat bei Aluminium höhere Werte.

### 3.7 Logarithmische Formänderung oder Umformgrad

#### 3.71 Bestimmung des Umformgrades durch Markierung kleiner Strecken im Werkstoff

Die bisherigen Betrachtungen haben ein Bild über die äußeren geometrischen Abmessungen des Umformeindruckes in ihren Beziehungen zueinander und zum Ausgangszustand ergeben. Zur weiteren Verdeutlichung der Umformverhältnisse soll nun die logarithmische Formänderung $\varphi$, der sogenannte Umformgrad, herangezogen werden.

Hierzu ist es erforderlich, die Umformung in den verschiedenen Richtungen genauer zu untersuchen, und es wurden zwei Wege eingeschlagen, um die Werkstoffverschiebungen örtlich zu erfassen:

1. Beobachtung der Verschiebung von Eindrücken des Diamanten eines Kleinlasthärteprüfers auf der Berührfläche zum Umformwerkzeug.

2. Beobachtung der Verzerrung eines auf den Innenflächen einer geteilten und hartgelöteten Probe aufgebrachten Koordinatennetzes durch Lösen der Lötverbindung nach der Umformung.

Die Eindrücke mit dem Härteprüfdiamanten wurden auf die geschliffene und soweit erforderlich polierte Schmalfläche des Probebleches bei einer Belastung von 1 kp aufgebracht. Es wurden in zwei Reihen etwa 0,1 mm vom

Rand beginnend in Richtung b je 10 Eindrücke in genau gleichen Abständen von 0,2 mm vorgenommen (Skizze der Abb. 29). Die Entfernung der beiden Reihen voneinander betrug 0,25 mm; alle Abstände wurden zur Kontrolle nachgemessen. Die Belastung wurde so gering wie möglich gewählt, um nach der Umformung noch sichtbare Eindrücke zu erhalten, ohne die Probenoberfläche zu stark zu verändern. Die Abbildung 29 zeigt die Eindrücke nach der Umformung.

Die auf den Innenflächen markierte Probe wurde zwischen 2 aufgeheizten Metallblöcken unter Druck hart gelötet (Skizze Abb. 30) und anschließend auf die gewünschte Dicke von 2 mm geschliffen. Die Innenrasterung hatte einen Abstand der Koordinatenlinien in Längsrichtung und senkrecht dazu von 0,5 mm. Nach der Umformung wurden die Probenhälften durch Erwärmung über die Löttemperatur wieder getrennt, wodurch die verzerrten Linien sichtbar wurden (Abb. 30). Für beide Umformungen wurde eine mittlere Belastung von 3 Mp gewählt. Bei der hartgelöteten Probe wurde allerdings eine etwas höhere Umformung erreicht, da die Härte durch den Lötvorgang (Löttemperatur von etwa 700° C) um einige HRC-Einheiten abfällt.

Die örtliche Bestimmung der $\varphi$-Werte soll nun zeigen, wie sich die Umformung auf die verschiedenen Bereiche der Umformzone verteilt. Als Grundbedingung für die logarithmische Formänderung $\varphi$ besteht die Beziehung

$$\varphi_b + \varphi_l + \varphi_h = 0, \qquad (9)$$

die sich aus der Volumengleichheit bei der Umformung ergibt. Hierbei sollen die drei senkrecht zueinanderstehenden Umformrichtungen b, l und h in Richtung der Breite, der Länge und der Tiefe des Eindruckes liegen. Das Koordinatennetz der hartgelöteten Probe gibt durch die Ausmeßbarkeit der Formänderung in den Richtungen l und h die Möglichkeit, alle 3 Umformungsgrade an verschiedenen Stellen des Probenlängsschnittes zu bestimmen. Die mit Diamanteindrücken versehene Probe läßt dagegen nur eine Auswertung der Umformung in Querrichtung, also eine Bestimmung von $\varphi_b$ zu. Die Änderung des Abstandes der Härteeindrücke in Längsrichtung der Probe ließ sich nicht genau ausmessen, da die mikroskopische Auswertung, bedingt durch die Höhlung der Umformzone, nicht den wahren Abstand erfaßt.

Die Abbildungen 31 und 32 geben die Ergebnisse der $\varphi$-Wertbestimmung wieder. Betrachtet man den Verlauf von $\varphi_b$ über die Breite der Umformzone (Abb. 31), so ergibt sich im mittleren Bereich eine Streuung um einen etwa gleichbleibenden Wert. In den Randzonen, die je ungefähr 1/5 der Breite ausmachen, fällt der Umformgrad auf kleinere Werte ab. Dies deutet die nur wenig verfestigten Zonen an, die bei der Bestimmung des Formänderungswiderstandes zu einer Verfälschung geführt haben (s. Abschnitt 3.3).

Die gemessenen Werte $\varphi_h$ und $\varphi_l$ der Umformflächenzone des Längsschnittes durch die hartgelötete Probe sind in Abbildung 32 aufgetragen. In der Richtung h wird der Werkstoff durch die Umformung zusammengedrückt, so daß die $\varphi_h$-Werte negativ sind. Die $\varphi_b$-Werte, die ebenfalls eingezeichnet wurden, ergeben sich nach der Beziehung (9) aus

$$\varphi_b = -\varphi_h - \varphi_l = |\varphi_h| - |\varphi_l|. \tag{10}$$

Da bei der vorliegenden Umformung jeweils zwei positive und ein negativer $\varphi$-Wert auftreten, muß die absolut größte Formänderung immer der negative Wert sein, also $\varphi_h$.

Die größte logarithmische Formänderung $\varphi_h$ hat über die Eindrucklänge einen parabelförmigen Verlauf. Die absolut größten Werte liegen in der Mitte der Umformzone an der Stelle der größten Breitung. Die logarithmische Formänderung in Längsrichtung $\varphi_l$ dagegen hat gerade hier die kleinsten Werte, die weniger als 1/10 der Größtwerte von $|\varphi_h|$ ausmachen. Für den Bereich der größten Breitung weichen also $-\varphi_h$ und $\varphi_b$ am wenigsten voneinander ab. Das Merkmal dieser Umformung ist Stauchen des Werkstoffes bei gleichzeitiger großer Oberflächenbreitung, so daß die Formänderung in Richtung der Breite auf die sonst bei Stauchvorgängen überwiegenden Werte in Richtung h ansteigt. Die Formänderung in Längsrichtung bleibt durch die örtliche Begrenzung der Umformung fast ganz aus. Die Abweichung der $\varphi_b$-Werte im Schnittpunkt S der in den Abbildungen 31 und 32 betrachteten Zonen in der Mitte der Umformmulde erklärt sich aus der erwähnten stärkeren Umformung der weicheren hartgelöteten Probe.

Der Verlauf der Umformgrade $|\varphi_h|$, $\varphi_l$ und $\varphi_b$ in Richtung h an verschiedenen Stellen (I, II und III) des Längsschnittes durch die Umformzone aus der Auswertung der hartgelöteten Probe ist in Abbildung 33 dargestellt. Die Lage der gemessenen Werte im Probenlängsschnitt zeigt eine

Skizze. Alle Kurven nehmen von einem Höchstwert an der Umformoberfläche aus nach Null ab, wobei die Einwirktiefe im vorliegenden Fall bei 5 bis 6 mm liegt. Die $\varphi_1$-Werte sind, wie beim Verlauf in Richtung 1 erwähnt (Abb. 32), in der Mitte der Umformmulde (II) am kleinsten, so daß die $|\varphi_h|$ und die $\varphi_b$-Kurve hier nahezu zusammenfallen. Die Kurvenform für $\varphi_b$ entspricht der seitlichen Aufwölbung (vgl. Abb. 26a).

### 3.72 Festlegung eines angenäherten Umformgrades zur Betrachtung verschiedener Umformfälle

Zeichnet man in die Abbildung 31 einen Formänderungsgrad $\varphi_b'$ ein, der sich aus der Gesamtumformbreite $b_1$ und der Ausgangsbreite $b_0$ zu $\varphi_b' = \ln b_1/b_0$ ergibt, so findet man, daß dieser durch einfaches Ausmessen der Breite zu ermittelnde summarische Wert ein guter Mittelwert der örtlich bestimmten Einzelwerte von $\varphi_b$ ist. Da es nun nicht möglich ist, die Hauptformänderung $\varphi_h$ und auch $\varphi_b$ ohne ein umständliches Verfahren, wie es bei der hartgelöteten Probe und den Diamanteindrücken angewendet wurde, zu bestimmen, soll näherungsweise der Umformgrad $\varphi_b'$ für weitere ins Einzelne gehende Untersuchungen der verschiedenen Umformfälle herangezogen werden. Wenn so auch keine genauen Aussagen über die Formänderungsfähigkeit gemacht werden können, so ist doch ein guter Vergleich des Umformverhaltens unter verschiedenen Umformbedingungen möglich.

Zunächst sei der Umformgrad $\varphi_b'$ an der Stelle der größten Breitung:

$$\varphi_b'{}_{max} = \ln \frac{b_{1\,max}}{b_0} \tag{11}$$

in Abhängigkeit von der Umformkraft P aufgetragen (Abb. 34). Die Darstellung gibt die Verhältnisse unter verschiedenen Bedingungen wieder. In allen Fällen, bei den untersuchten Werkstoffen vergüteter Stahl, Eisenblech und Aluminium, mit und ohne Drehung des Bolzens während der Umformung und bei verschiedenen Bolzendurchmessern von 10 und 13 mm, ergeben sich, wie bei der Abhängigkeit der jeweiligen Druckfläche von der Umformkraft (Abb. 21) Geraden. Die Zunahme des $\varphi_b'{}_{max}$-Wertes für eine Umformung mit Drehung des Bolzens bei gleicher Belastung ist noch größer als die Zunahme der Druckflächen und der Breitung (s. Abb. 21 und 23). Sie beträgt 90 %, während es bei den Druckflächen 40 % und bei der Breitung 30 bis 50 % sind. Außerdem macht sich für $\varphi_b'{}_{max}$ wie bei der Breitung eine Änderung des Bolzendurchmessers bemerkbar, und zwar nehmen auch hier die Werte mit zunehmendem Bolzendurchmesser ab.

Um einen Überblick über die Höhe des Umformgrades für verschiedene Umformfälle zu geben, ist in den Abbildungen 35 und 36 in Ergänzung zu den Betrachtungen der Breitung in Abschn. 3.5 (Abb. 26 und 26a) $\varphi_b'$ in seinem Verlauf über die Länge der Umformmulde und senkrecht zur Zahnbrust aufgetragen. In beiden Diagrammen sind wie bei der Breitungsdarstellung die Werte für den Stahl 80 CrV 2 mit und ohne Drehung des Umformbolzens (Bolzendurchmesser 10 mm) wiedergegeben und im Vergleich hierzu für eine Aluminiumprobe, und zwar jeweils bei der gleichen Eindringtiefe des Umformbolzens von 2 mm. Die Lage der Kurven der verschiedenen Umformfälle zueinander entspricht den Verhältnissen bei der Breitung. Die größten $\varphi_b'$-Werte werden, wie zu erwarten, bei der Umformung mit Bolzendrehung erreicht, wo sie an der Umformoberfläche in der Mitte der Umformzone bei 0,75 liegen.

## 3.8 Beziehung zwischen Formänderungswiderstand und Umformgrad

Nachdem die Aussagefähigkeit der angenäherten $\varphi_b'$-Werte gezeigt worden ist, soll nun eine Beziehung hiervon zu dem in Abschnitt 3.2 ermittelten Formänderungswiderstand der verschiedenen Umformfälle aufgestellt werden. In der Abbildung 37 ist der Formänderungswiderstand $k_w$ über der logarithmischen Formänderung $\varphi_b'{}_{max}$ aufgetragen. Zum Vergleich mit dieser $k_w - \varphi$-Abhängigkeit wurde die im Zugversuch gefundene Kaltfließkurve für die vergüteten Sägenstähle (s. Abb. 12) in das Diagramm eingezeichnet.

Der Abfall des Formänderungswiderstandes mit ansteigenden $\varphi_b'{}_{max}$-Werten, d.h. mit zunehmender Umformung, erklärt sich - wie im Abschnitt 3.3 beschrieben wurde - durch die ungleichmäßige Kaltverfestigung der den Berechnungen zugrunde gelegten Druckflächen. Den wirklichen Unterschied zwischen der Formänderungsfestigkeit $k_f$ und dem Formänderungswiderstand $k_w$, der die zusätzlich zu überwindenden Widerstände aus äußerer und innerer Reibung wiedergibt, lassen die hohen Anfangswerte der $k_w - \varphi$-Beziehungen erkennen. In diesem Bereich muß auch die Kurve für 75Ni10 mit Bolzendrehung über der $k_f$-Kurve liegen. Es ist hier jedoch kein Meßwert vorhanden.

Für die Umformung des Werkstoffes 80 CrV 2 ohne Bolzendrehung ist der anzunehmende Verlauf einer wahren $k_w - \varphi$-Kurve in die Abbildung 37 eingetragen.

Die Darstellung der $k_w - \varphi$-Beziehung gibt nun die Möglichkeit, Unterschiede in der zum Gleitstauchen von Sägenzähnen erforderlichen Umform-

barkeit der Sägenstähle zu erkennen. Während die Kaltfließkurven für
die untersuchten Sägenstähle nur einen geringen Streubereich haben, ist
hier eine deutliche Unterscheidung gegeben. Der nickellegierte Stahl
75Ni10 hat gegenüber Chrom-Vanadium-Stahl 80 CrV 2 und Wolfram-Molybdän-
Stahl 70WMo (jeweils ohne Bolzendrehung während der Umformung) die
niedrigsten Werte des Formänderungswiderstandes. Er ist also im vorliegenden Fall am besten umformbar, was mit Beobachtungen in der Praxis
übereinstimmt. Der CV-Stahl, der die größten Formänderungswiderstände
der untersuchten Stähle aufweist, hat gegenüber den anderen Sägenstählen
keine umformbarkeitserhöhenden Zulegierungen und wird allgemein als
schlecht umformbar bezeichnet.

Die vom Umformvorgang abhängigen $k_w$-$\varphi$-Kurven ermöglichen für die vorliegende Umformung eine genauere Unterscheidung verschiedener Stähle
als die werkstoffbedingten Kaltfließkurven und sind zudem leichter zu
ermitteln. Eine so erreichte Einstufung von Werkstoffen ist jedoch nur
für den bestimmten, betrachteten Umformfall gültig.

Außer für Sägenstahl sind aus den Vergleichsversuchen $k_w$-$\varphi$-Beziehungen für unlegierten Stahl und Aluminium in die Abbildung aufgenommen.
Die Werte der ebenfalls eingezeichneten Kaltfließkurve für Al 99,5, die
aus dem VDI-Arbeitsblatt 5-3200 D 1 entnommen wurde, werden durch die
$k_w$-$\varphi$-Kurve des bei den Versuchen eingesetzten Aluminium um ein Mehrfaches überstiegen. Der über den zur eigentlichen Formänderung hinausgehende Bedarf an Umformenergie wäre somit weitaus größer als bei Sägenstahl. Es ist aber zu berücksichtigen, daß im Gegensatz zu der Gegenüberstellung für vergüteten Sägenstahl die Kaltfließkurve hier nicht am
Versuchswerkstoff aufgenommen wurde.

Die einzelnen Kurven der Abbildung 37 sind bis zu einem Umformungswert
geführt, der als Ende der Umformbarkeit anzusehen ist, da ein Aufplatzen
der Probe erfolgt. Dies macht sich durch eine starke Rißbildung erkennbar, die am Übergang zwischen Umformungs-Eindruck und Ausgangsblechdicke
einsetzt (Abb. 38), und durch ein weiteres Eindringen des Umformbolzens
in den Werkstoff ohne Erhöhung der Belastung. Wichtig für die Umformung
ist es, daß durch Drehen des Bolzens das Ende der Umformbarkeit, d.h.
das Einreißen der Probe, zu höheren $\varphi$-Werten verschoben wird. Hieraus
ergibt sich die Forderung, die Haftung zwischen Umformwerkzeug und
Werkstück möglichst klein zu machen, um so eine hohe Umformung an der
Oberfläche zu erreichen, bevor ein zu tiefes Eindringen des Werkzeuges
zum Aufplatzen des Werkstoffes führt.

## 4. Modellversuche

In Ergänzung zu den Vergleichsversuchen mit Eindrücken eines Bolzens in Blechstreifen, durch die unter Vereinfachung des Umformvorganges zum Gleitstauchen von Sägenzähnen ein Einblick in das Umformverhalten der vergüteten Sägenstähle gewonnen worden ist, wurden nun zur weiteren Veranschaulichung der vorliegenden örtlichen Umformung Versuche an vergrößerten Modellen durchgeführt. Hierzu mußten Werkstoffe herangezogen werden, die nicht zu große Umformkräfte verlangen, aber in ihrem Umformverhalten dem vergüteten Stahl entsprechen. Die Modellversuche führten nicht in allen Fällen zu einem brauchbaren Ergebnis, und von den untersuchten Werkstoffen konnte nur Aluminium für endgültige Versuche eingesetzt werden. Es soll aber auch das Umformverhalten der anderen Modellwerkstoffe betrachtet werden, um die Unterschiede zur Stahlumformung aufzuzeigen.

### 4.1 Modellversuche mit thermoplastischen Kunststoffen und Wachs

Durchsichtige Kunststoffe stellen für die Beobachtung von Umformvorgängen durch die Möglichkeit von Innenmarkierungen bei geteilten und zusammengeklebten Proben einen günstigen Modellwerkstoff dar. Zunächst wurden daher derartige Kunststoffe auf ihre Einsatzmöglichkeit für Modellversuche der zu betrachtenden Umformung untersucht. Für die Versuche standen Plexiglas und Polystyrol (Trolitul 3 der Firma Dynamit AG.) in Platten von 8 bis 10 mm Dicke zur Verfügung. Diese Werkstoffe waren ausgewählt worden, da ihre Fließkurven, wie sie am Institut für Werkzeugmaschinen und Umformtechnik der TH Hannover ermittelt worden sind, eine Ähnlichkeit mit der Kaltfließkurve von Stahl aufweisen.

Die Versuche sollten vorab dem Eindrücken eines Bolzens in Blechstreifen entsprechen. Als veränderliche Modellgröße kam somit nur die Plattendicke in Frage, die gegenüber den Versuchen am Stahlblech und Aluminium (Abschn. 3) den 4- bis 5fachen Betrag hatte. So wurde gegenüber den dort eingesetzten Bolzen von 10 mm Durchmesser ein zylindrischer Umformbolzen von 45 mm Durchmesser verwendet. Für Versuche mit Probendicken von 16 bis 20 mm, die durch Zusammenkleben zweier Platten erreicht wurden, kam ein Bolzen von 90 mm Durchmesser zum Einsatz. Es wurden Metallbolzen benutzt, da solche aus Holz, wie sie zunächst eingesetzt wurden, den auftretenden Umformkräften nicht standhielten. Die zur Reibungsminderung aufgegebene Messingfolie wurde durchgedrückt.

Eine Umformung der Thermoplaste ohne frühzeitiges Aufplatzen der Probe ist erst bei Temperaturen von 110 bis 130° C möglich. So war für die Versuche eine Vorrichtung erforderlich, die es erlaubte, die notwendigen Drücke aufzubringen und gleichzeitig die Versuche bei Temperaturen von 110 bis 130° C durchzuführen. Zum Aufbringen des Druckes stand eine Handpresse zur Verfügung, die für die Versuche etwas umgebaut wurde. Auf die Tischplatte der Presse wurde eine Aufnahmevorrichtung für die Kunststoffproben aufgesetzt, und zwar eine Klemmvorrichtung in einem abgedichteten Behälter. Zur Erleichterung der Beobachtung des Umformvorganges wurde eine Behälterwand aus Glas ausgeführt (Abb. 39). Für die Erwärmung der Proben wurde ein Wärmebad mit Weißöl verwandt, dessen Siedepunkt bei über 130° C liegt und das bei den erforderlichen Temperaturen durchsichtig bleibt. Zum Aufheizen des Öles waren in dem Behälter zwei Heizspiralen eingebaut, so daß zwei Heizstufen eingeschaltet werden konnten. Zunächst stand eine größere Heizenergie zur Verfügung, die dann zur besseren Einregulierung der gewünschten Temperatur durch Umschaltung herabgesetzt werden konnte. Ein Einhalten der günstigsten Temperatur für den Druckversuch ist unbedingt erforderlich, da eine zu geringe Temperatur schon bei 10° Unterschied erheblich höhere Kräfte bedingt, eine zu hohe Temperatur dagegen die Festigkeit der Probe so stark heruntersetzt, daß ein unerwünschtes Ausweichen kaum zu vermeiden ist. Um die Proben gut zu durchwärmen, wurde eine Heizzeit von 2 bis 3 Stunden gewählt, wobei auch der Umformbolzen in dem Ölbad mit aufgeheizt wurde.

Die Aufnahme für den Bolzen befand sich am Stempel der Handpresse. Der Bolzen war in seiner Befestigung am Pressenstempel drehbar gelagert, und es bestand die Möglichkeit, verschiedene Umformbolzen in bezug auf Größe und Form in die Druckvorrichtung einzusetzen. Umformbolzen und Probenoberfläche wurden genau zueinander ausgerichtet, um jegliche Seitenkräfte zu vermeiden.

Die Abbildung 40 zeigt eine Plexiglasprobe nach der Umformung. Die seitlich aufgebrachte Linienmarkierung soll nur die Ausdehnung des Umformbereiches aufzeigen, eine weitere Auswertung ist durch die Aufwölbungsverzerrung nicht möglich. Interessant sind nun die Abweichungen von der Stahlumformung. In der Seitenansicht der Probe fällt zunächst auf, daß der Übergang der Ausgangsoberfläche zum Umformeindruck im Gegensatz zur Stahl- und Aluminiumprobe (s. Abb. 17) nicht scharf ist; die anschließenden Oberflächenstücke rechts und links vom Umformbolzen sind mit in

die Mulde hineingezogen. Eine weitere grundlegende Abweichung ergibt
sich bei der Betrachtung des Schnittes durch die Mitte der Umformzone,
der ebenfalls in der Abbildung 40 wiedergegeben ist. Man sieht hier
deutlich, daß die Breitung der Probe nicht an der Oberfläche aufgetreten ist, sondern bauchartig von dieser ausgehend in den darunter gelegenen Zonen. Damit ist das wesentlichste Merkmal der Sägenzahn-Umformung
in diesem Modellversuch nicht erreicht. Auch bei Drehung des Bolzens
während der Umformung, um eine starke Haftung der Oberfläche am Umformbolzen zu beseitigen, und bei Einsatz von Hochdrucköl und Molykote-
Paste G als Schmiermittel wurde keine Änderung der beschriebenen Probenform nach der Umformung erhalten.

Eine Polystyrolprobe, die, um eine Innenmarkierung vornehmen zu können,
aus zwei Hälften zusammengeklebt wurde, ergibt ein ähnliches Bild
(Abb. 41). Auch hier sind die Teile neben dem eigentlichen Eindruck in
die Mulde eingezogen, und vor allem zeigt das Schnittbild wieder die
bauchige Stauchung des Werkstoffes. Die Ausgangsoberfläche ist hier sogar in die seitliche Aufwölbung hineingedrückt worden, da diese - durch
eine Art Kerbe unterbrochen - bis zur Bolzenfläche aufgeworfen wurde.
Eine Oberflächenbreitung wird somit nur vorgetäuscht.

Die Klebung wurde in diesem Fall mit Amyl-Azetat vorgenommen. Hierbei
wird die bestrichene Oberfläche aufgelöst, so daß ein Verschweißen der
Flächen auftritt. Die Klebung erwies sich allerdings für die vorliegende Umformung als nicht innig genug, da, wie das Schnittbild der Abbildung 41 zeigt, an der Stelle der größten Breitung ein Aufplatzen im Proben-Innern erfolgte. Da die Modellversuche jedoch aus umformtechnischen
Gründen ohne Erfolg waren, wurde auf weitere Versuche mit Spezialklebern
verzichtet. Die Abbildung 42 läßt die Innenmarkierung erkennen, bei der
eingeritzte Linien durch Ausfüllen mit Tusche besser sichtbar gemacht
wurden. Hier zeigt sich im Vergleich zur hartgelöteten Stahlprobe
(s. Abb. 30) deutlich die Abweichung zur Stahlumformung. Eine weitere
Auswertung wurde daher nicht vorgenommen.

Das im vorliegenden Umformfall voneinander abweichende Verhalten von
Thermoplasten und Stahl wird durch einen grundsätzlich anderen molekularen Aufbau bedingt sein und ließe sich durch umfangreiche Versuche
näher erörtern, die aber nicht dem Thema dieser Arbeit entsprechen.
Eine Auswertung der Probe ohne Berücksichtigung des Bereiches zwischen
der Oberfläche und der größten Breitung (Linie A - A im Schnittbild
der Abb. 41), wodurch im Schnittbild eine Angleichung an die Stahl-

probenform erreicht würde, wäre nur dann sinnvoll, wenn nicht auch der Übergang vom Umformeindruck zur Ausgangsoberfläche starke Abweichungen aufweisen würde. Die thermoplastischen Kunststoffe scheinen als Modellwerkstoff bei örtlich begrenzter Umformung nicht einsetzbar zu sein.

Ein weiterer Modellversuch mit Wachs (Abb. 43) brachte ebenfalls keine Übereinstimmung mit der Stahlumformung. Hier wird zwar eine große Breitung an der Oberfläche erreicht, die Tiefenwirkung ist aber gegenüber Stahl sehr gering. Im Gegensatz zu den Thermoplasten liegt bei Wachs wahrscheinlich ein sehr loser Molekülzusammenhang vor. Vorteilhaft wäre bei diesem Modellwerkstoff außer der geringen erforderlichen Umformkraft die Umformbarkeit bei Raumtemperatur gewesen.

Das Wachsmodell entspricht in seinen Abmessungen der Plexiglasprobe. Die Umformung wurde unter der für die thermoplastischen Kunststoffe eingesetzten Handpresse durchgeführt.

## 4.2 Modellversuche an Sägenzahn-Modellen mit Aluminium

Bei den Vergleichsversuchen zum Gleitstauchen mit Eindrücken eines Bolzens in Blechstreifen (Abschn. 3) hat sich ergeben, daß Aluminium ein dem vergüteten Stahl ähnliches Umformverhalten aufweist. In den Abbildungen 20 bis 26 ist die Auswertung von Aluminiumproben mit in die Darstellung aufgenommen worden, und es zeigt sich hier ein ähnlicher Verlauf zur Stahlumformung, wenn auch die Kurven für Aluminium zum Teil, der geringeren erforderlichen Belastung entsprechend, in einem anderen Bereich liegen. Auch der Verlauf der Kaltfließkurve für reines Aluminium (Al 99,5), die in der Abbildung 12 im Vergleich zu den Fließkurven für Stahl eingetragen ist, macht dies deutlich. Da thermoplastische Kunststoffe und auch Wachs als Modellwerkstoffe für die vorliegende Umformung nicht infrage kommen, wurde daher reines Aluminium (Al 99,5) in Gußausführung für Sägenzahnmodelle eingesetzt.

## 4.21 Versuchsbedingungen und Umformvorrichtung

Der Zahnwinkel von ungefähr 50°, wie er bei den gebräuchlichsten Zahnformen für Sägen, die durch Gleitstauchen bearbeitet werden sollen, vorliegt, wurde bei den Zahnmodellen eingehalten, und als Zahndicke wurde mit 16 mm eine etwa achtfache Vergrößerung zu den normalen Sägendicken von 2 mm gewählt. Der erforderliche Umformbolzen von 80 mm Durchmesser wurde mit der Kurvenform der für das Gleitstauchen von Sägen in der Praxis üblichen Bolzen versehen.

Die Umformung der Aluminiumzähne wurde von Hand vorgenommen, und zwar mit einer entsprechend nachgebildeten Vorrichtung, die in der Abbildung 44 zu sehen ist. Der Modellzahn 1 stützt sich gegen einen Gegenhalter 2 ab und wird zusätzlich über eine Lasche 3 geklemmt. Der Umformbolzen 4 wird durch einen Handhebel 5 gedreht. Es wurde ein Stahlbolzen eingesetzt. Als Schmiermittel wurde Molykote-Paste G (Molybdän-Disulfid mit 25 % Mineralölzusatz) verwendet. Die Abbildung 45 zeigt einen Aluminium-Modellzahn nach der Umformung von der Zahnbrust aus gesehen.

### 4.22 Kenntlichmachung der Umformung durch eingesetzte Kupferstifte

Um einen Einblick in die Umformung des Sägenzahnes zu erhalten, wurde der Al-Modellzahn von den Zahnseiten aus mit einem Kreuzraster aus Koordinatenpunkten versehen. Der Abstand der Punkte, die durch Einsetzen von Kupferstiften in Bohrungen von 2 mm ⌀ erhalten wurden, betrug vor der Umformung parallel und senkrecht zur Zahnbrust 5 mm.

Die Verzerrung der Punktabstände durch die Umformung zeigt die Abbildung 46. Um eine Verfälschung der Auswertung durch die seitliche Auswölbung des Zahnes zu vermeiden, wurde der in der Abbildung dargestellte Zahn in Längsrichtung zur Hälfte abgefräst. Die Kupferpunkte wurden nachträglich durch eine Schwefelwasserstoffbehandlung (Kupfersulfid-Bildung) eingedunkelt und dadurch besser sichtbar gemacht. Der Modellzahn ist etwa in natürlicher Größe wiedergegeben. Der umgeformte Zahn zeigt der Stahlumformung entsprechend den scharfen Übergang von der Ausgangsoberfläche zur Umformmulde und die Ausbildung der sogenannten Stauchfahne an der Zahnspitze. Außer der Umformung in Richtung der Muldenbildung ist durch die Verschiebung der Punkte die Werkstoffwanderung zur Zahnspitze zu erkennen, die an der Zahnbrust durch die dort auftretende Haftreibung verstärkt wird.

Aufschlußreich ist nun eine Bestimmung des Umformgrades in den verschiedenen Umformrichtungen, wie er auch bei den Vergleichsversuchen in Abschnitt 3.7 für die Bolzeneindrücke ermittelt wurde. Die örtlichen logarithmischen Formänderungen $\varphi_h = \ln(h_1/h_0)$, $\varphi_l = \ln(l_1/l_0)$ und $\varphi_b = \ln(b_1/b_0)$ in der Oberflächenzone des Modellzahnes sind in der Abbildung 47 dargestellt. Die Umformgrade $\varphi_h$ und $\varphi_l$ wurden durch Ausmessen der Punktabstände nach der Umformung in den Richtungen senkrecht (h) und parallel (l) zur Zahnbrust ermittelt. Der Umformgrad $\varphi_b$ ergibt sich aus der Beziehung $\varphi_b = |\varphi_h| - |\varphi_l|$.

Im Vergleich zu den Eindrückversuchen an Stahlblech zeigt sich, daß der Unterschied zwischen der größten logarithmischen Formänderung $\varphi_h$ und der Formänderung $\varphi_b$ größer ist als dort; der Umformgrad $\varphi_l$ in Längsrichtung hat hier durch die andere Umformbewegung höhere Werte. Dieses andere Umformverhalten beim Gleitstauchen eines Zahnes muß bei einer Auswertung der Vergleichsversuche aus Abschnitt 3 für die Zahnformung berücksichtigt werden. Die Größenordnung der Umformgrade mit Höchstwerten bei $\varphi = 0,6$ stimmt aber in beiden Fällen überein. Der Zahnbreitung entsprechend liegen die größten Werte beim Gleitstauchen jedoch im Gegensatz zum Bolzeneindrücken nicht in der Mitte der Umformmulde, sondern an derem zur Zahnspitze gelegenen Ende.

Als weitere Betrachtungsmöglichkeit sind in der Abbildung 48 die Umformgrade $\varphi_h$, $\varphi_l$ und $\varphi_b$ in ihrer Änderung senkrecht zur Zahnbrust in der Mitte der Umformmulde in Richtung t aufgetragen. Der Umformgrad $\varphi_b$ nimmt auf einer Strecke von etwa 25 mm auf Null ab. Die Ausdehnung des Umformbereiches in Richtung t entspricht hiermit etwa dem 1 1/2fachen Wert der Modellzahndicke. Dies stimmt aber - um einen Vergleich mit der Stahlumformung zur Verdeutlichung der Modellgültigkeit vorwegzunehmen - mit der in der Abbildung 69 eingetragenen Umformbereichgrenze beim Stahlsägenzahn überein, die in einem Abstand von etwa 3 mm von der Zahnbrust verläuft und somit ebenfalls den 1 1/2fachen Betrag der Sägenzahndicke von 2 mm ausmacht.

Auffallend ist, daß der Umformgrad $\varphi_l$ in einer Entfernung von etwa 20 mm von der Zahnbrust negativ wird. Das damit dort festgestellte Zusammendrücken in Längsrichtung des Zahnes läßt sich nur durch die Nähe des Zahnrückens erklären, wo die Abstützung durch den Gegenhalter der Umformung entgegenwirkt.

Zur genauen Untersuchung der Werkstoffverschiebung an der Zahnspitze des Modellzahnes wurden in einem weiteren Modellversuch Kupferstifte von der Zahnbrust und vom Zahnrücken aus eingesetzt, und zwar jeweils in 4 mm Abstand voneinander, von der Zahnspitze beginnend in Richtung zum Zahngrund. Die Abbildung 49 zeigt die Lage der Kupferpunkte vor und nach der Umformung. Man erkennt einmal die Verlagerung der Werkstoffteilchen zu ihrer Ausgangsstelle und zum andern ihre Verschiebung zueinander. Die größte Werkstoffverlagerung in Längsrichtung ergibt sich an der Zahnspitze durch das Auspressen der sogenannten Stauchfahne. An der Zahnbrust ist die Werkstoffwanderung durch die Umform-Drehbewegung besonders groß, hier tritt eine Verlagerung der gesamten Oberfläche und eine Verschiebung der Teilchen zueinander auf. Am Zahnrücken findet dagegen nur eine Werkstoffverschiebung zur Zahnspitze und damit ein Gleiten an der Gegenhalterfläche statt. (Dies wirkt sich - wie im Abschnitt 5.3 näher betrachtet wird - auf die erforderliche Schmierung der Gleitflächen aus.)

Die Abstandsänderung der Kupferpunkte in Längsrichtung des Zahnes ist am Zahnrücken im Bereich der Stauchfahne mit einem Anwachsen von 4 mm auf über 9 mm größer als an der Zahnbrust, wo der größte Abstand nach der Umformung 7 mm beträgt. An der Zahnbrust erfolgt dafür durch die Oberflächenbreitung eine zusätzliche Werkstoffverschiebung in Querrichtung, die am Zahnrücken gänzlich ausbleibt. Dies gibt die Abbildung 50 wieder, die die jeweils in drei Reihen nebeneinander angeordneten Kupferpunkte auf der Zahnbrust und dem Zahnrücken nach der Umformung erkennen läßt.

## 5. Geometrische Formänderung der Sägenzähne beim Gleitstauchen und seitlichen Flachpressen

### 5.1 Entstehung des Umformbildes beim Gleitstauchen

Das Gleitstauchen soll, wie in der Einleitung erwähnt, durch Drehen eines exzentrisch geschliffenen Umformbolzens eine Breitung des Sägenzahnes in der Schneidenzone hervorrufen. Hierbei entsteht eine Mulde (Abb. 51), die bei zunehmender Umformung vom Punkte A aus zur Zahnschneide hin fortschreitet. Die in der Darstellung eingetragenen Umformstufen 1 bis 4 sind den Aufnahmen verschieden weit umgeformter Sägenzähne der Abbildungen 52 und 53 entnommen. Die gesamte erforderliche Drehung des Umformbolzens von ungefähr $80°$ wurde hier bei $20°$, $35°$ und $50°$ unterbrochen.

Für die vorliegende Umformung ergeben sich folgende charakteristische Merkmale:

1. Große Oberflächenbreitung.

    Wie Vergleichsversuche (Abschn. 3.4) gezeigt haben, ist dies auf eine Verringerung der Reibung an der Berührfläche durch Drehen des Umformwerkzeuges zurückzuführen.

2. Zunahme der Umformung in Richtung zur Zahnspitze.

    Durch die Form des Umformwerkzeuges, die bei dessen Drehung gleichzeitig eine Verdrängung des Werkstoffes erreicht, schreitet die Umformung nicht senkrecht zur Zahnbrust, sondern zur Zahnspitze abgelenkt in Richtung auf den Zahnrücken fort. Die größte Breitung wird dadurch von der Stelle des tiefsten Eindringens des Umformwerkzeuges, d.h. von der tiefsten Stelle der Umformmulde, zur Zahnspitze hin verlagert.

3. Keine Aufwölbung über die Ausgangsoberfläche an der Zahnbrust beim Vordringen des Umformbolzens.

Lediglich am Ende der Umformung wird zwischen Umformbolzen und Gegenhalter an der Zahnspitze eine sogenannte Stauchfahne ausgepreßt, die bei dem nach der Umformung erforderlichen Überschleifen der Schneidkante abfällt.

Die größte Breitung in der Nähe der Zahnspitze führt beim folgenden seitlichen Flachpressen oder Schleifen ohne große Nacharbeit zu einer freischneidenden Zahnform.

Zur Verdeutlichung des Umformablaufes und der Ausdehnung des Umformbereiches wurden die Zähne der Abbildungen 52 und 53 vor der Umformung mit einem rechtwinkligen Liniennetz versehen. Die Linien wurden in eine Rußschicht eingekratzt, die vorher mit einer Gummiwalze leicht angedrückt worden war; der Strichabstand beträgt in beiden Richtungen 0,25 mm. Um eine genaue Aufzeichnung der Kreuzrasterung zu erhalten, wurde die hierzu verwendete Nadel in einem Mikrometerkreuztisch geführt. Das Sägenblatt wurde auf einem feststehenden Dorm gedreht und durch einen Magneten in der jeweils gewünschten Lage festgehalten. So gelang es, auf den verschiedenen Zähnen einer Säge ein möglichst gleiches Markierungsbild aufzubringen.

Durch die Verzerrung des Liniennetzes lassen sich nun einige Aussagen über die Umformung machen, wenn auch die Aufnahmen durch die flächige Darstellung der Auswölbung an den Zahnseiten den Linienabstand nach der Umformung in einigen Bereichen falsch wiedergeben. Auffallend ist zunächst der scharfe Übergang der ausgebogenen Längslinien zu ihrer Aussagerichtung (Stellen A und B der Abb. 52 b und A der Abb. 52 c). Diese Erscheinung tritt nicht bei allen Werkstoffen auf, und auf sie muß daher bei Modellversuchen geachtet werden.

Die Grenzen des Umformbereiches in den einzelnen Umformstufen, ersichtlich durch nichtgekrümmte Linien des Markierungsnetzes, wurden in die Aufnahmen eingetragen. Man erkennt, daß die Tiefe der Umformzone von der Zahnbrust aus gemessen schon bald nach Beginn der Umformung im Vergleich zur Endtiefe verhältnismäßig groß ist; beim weiteren Vordringen des Bolzens überwiegt die Breitung. In Richtung zum Zahngrund reicht die durch die Umformung beeinflußte Zone kaum über die Umformmulde hinaus. Hierfür ist einmal die Umformrichtung senkrecht zum Zahnrücken maßgebend; zum andern läßt der anschließende, vom Umformwerkzeug nicht erfaßte Werkstoff, eine Ausdehnung der Umformung nicht zu. Dies zeigt sich auch darin, daß die Linien senkrecht zur Zahnbrust im unteren Teil der Aufnahmen nicht nach unten abgebogen sind, sondern nur etwas aus der Ausgangsrichtung ausknicken. Im Gegensatz hierzu findet an der Zahnspitze eine Auslenkung in Richtung der Stauchfahne statt. Das Ausweichen der Linien zur Zahnspitze hin wird allerdings durch die Drehbewegung des Umformwerkzeuges unterstützt, d.h. durch die Haftreibung an der Berührfläche.

In der Abbildung 53 sind verschieden weit umgeformte Sägenzähne nur mit Längs- bzw. nur mit Querlinien wiedergegeben. Das zu der Abbildung 52 Gesagte findet sich hier deutlich wieder. Bei allen bisher betrachteten Sägenzähnen handelt es sich um den nickellegierten Sägenstahl 75Ni10.

Das Fortschreiten des Umformvorganges, von der Zahnbrust aus gesehen, ebenfalls für den nickellegierten Sägenstahl 75Ni10 zeigt die Abbildung 54. Man sieht hier, wie sich die breiteste Stelle der jeweiligen Umformzone gegen Ende der Umformung immer weiter zur Zahnspitze hin verschiebt. Die vor der Umformung vorhandenen Schleifriefen, die auch nach der Umformung noch gut zu sehen sind, können als Markierungslinien für die Werkstoffverschiebung auf der Berührfläche zum Werkzeug angesehen werden. Man erkennt eine Wölbung dieser Linien zur Zahnspitze hin, d.h. also, daß der Werkstoff an den Zahnseiten weniger zur Spitze hin verschoben wird als in der Mittelzone. Das mag daran liegen, daß der Werkstoff an den Zahnseiten nach dem seitlichen Auswölben auch etwas zum Zahngrund hin ausweichen kann, während in der Mittelzone nur eine Werkstoffwanderung in Drehrichtung des Bolzens möglich ist. Es muß allerdings berücksichtigt werden, daß die Aufnahmen die Krümmung der Schleiflinien, die ja in einer Mulde verlaufen, zum Teil etwas verzerrt erscheinen lassen.

Über die Stoffverschiebung in der Schneidenzone, die hier nur undeutlich zu erkennen ist, haben die Modellversuche (Abschn. 4.22) einen Aufschluß gebracht. In der ausgepreßten Stauchfahne ist die Verlagerung der Stoffteilchen besonders stark (s. Abb. 49).

## 5.2 Betrachtung der Umformung am Zahnrücken, im Querschnitt durch die Umformzone und nach dem seitlichen Flachpressen

Eine Aufnahme des Zahnrückens (Abb. 55) gibt einen weiteren Einblick in die Art der Werkstoffverschiebung beim Gleitstauchen. Die vor der Umformung vorhandenen Schleifriefen sind auch hier erhalten, so daß man an ihrem Verlauf wieder einen Aufschluß über die Umformung bekommen kann. Eine Breitung der Werkstoffschicht am Zahnrücken selbst ist nicht erfolgt. Es ist somit eine indirekte Breitung dadurch aufgetreten, daß Werkstoff seitlich zur Oberfläche des Zahnrückens herangewälzt wurde. Dies erkennt man an den seitlichen hellen Zonen in der Abbildung 55. Hierbei liegt die gesamte in der Aufnahme wiedergegebene Fläche in Höhe des Zahnrückens.

Die Richtung der Schleifriefen am Zahnrücken hat sich durch die Umformung kaum geändert, und es ist nur an der Zahnspitze eine Auswölbung festzustellen. Die Betrachtung der Zahnrückenumformung zeigt daher eine dort wirksame Hemmung der Werkstoffverschiebung, die auf eine starke Haftreibung an der Berührungsfläche zum Gegenhalter zurückzuführen ist. Hierauf wird noch bei der Besprechung des Schmiermitteleinflusses auf die Umformung im folgenden Abschnitt eingegangen. Das Einreißen der Zahnspitze, das vor allem dann auftritt, wenn keine seitliche Rißbildung erfolgt (vgl. auch die Abb. 54 und 61), betrifft nur die herausgedrückte Werkstoffahne und ist mit dieser nach dem erforderlichen Überschleifen der Schneide an der Zahnbrust verschwunden.

Um die Form der seitlichen Auswölbung zu betrachten, wurde ein Schnitt senkrecht zur Zahnbrust durch die Mitte der Umformmulde durch Abschleifen von der Zahnspitze her freigelegt (Abb. 56). Man sieht, daß die breiteste Stelle an der Oberfläche der Zahnbrust liegt, von wo aus die Breitung verhältnismäßig schnell zur Ausgangsdicke abfällt. Der Übergang zur Ausgangsbreite wird hierbei nicht durch eine Einspannung des Sägenzahnes bedingt, da diese erst weit außerhalb der durch die Umformung beeinflußten Zone ansetzt. Die schnell abklingende Breitung ergibt sich durch die örtliche Begrenztheit der Umformung. Der an die Umformzone grenzende Bereich des Sägenzahnes hemmt die Tiefenwirkung der Umformung und fördert somit die gewünschte Breitung in der Zahnbrustzone.

Die zusätzliche Formänderung durch das seitliche Flachpressen ist im Querschnitt durch die Mitte der Umformmulde (Abb. 57) und in einer Ansicht der Zahnbrust (Abb. 58) gut zu erkennen. Durch das Anpressen der seitlichen Flächen, die zum Zahngrund und Zahnrücken hin schräg verlaufen, weicht der Werkstoff zur Zahnbrust aus. Man erkennt im Schnittbild die Verlagerung des Werkstoffes im Vergleich zur Abbildung 56 und eine dadurch entstehende Querwölbung. Die Seitenkanten der Umformzone liegen nun vor der eigentlichen Zahnbrust, so daß gegebenenfalls

Unsauberkeiten, wie leichte Anrisse, beim nachfolgenden Überschleifen der Zahnbrust entfernt werden. Nach dem Schleifen ergeben sich an der Schneide und an den Zahnseiten stegartige Flächen. Die Abbildung 59 zeigt einen Sägenzahn, der nach dem seitlichen Flachpressen an der Zahnbrust überschliffen wurde.

## 5.3 Auswirkung eines Schmiermittels

Da bei der Umformung des vergüteten Sägenstahles Formänderungswiderstände über 100 kp/mm$^2$ auftreten und damit hohe Reibkräfte, ist die Anwendung eines Schmiermittels erforderlich. Für die Schmierung wurde außer der allgemein in der Praxis üblichen Ölkreide graphitfreies Molybdän-Disulfid mit 25 % Mineralölzusatz - Type Molykote-Paste G - eingesetzt, das für eine hohe Druckbeanspruchung vorgesehen ist. Dadurch soll die im günstigsten Fall mögliche Wirkung eines Schmiermittels für die vorliegende Umformung gezeigt werden, obwohl seiner Anwendung in der Praxis die hohen Kosten entgegenstehen.

Die Umformung von Sägenzähnen aus Chrom-Vanadium-Stahl 80 CrV 2 mit Molykote-Paste G gibt die Abbildung 60 im Vergleich zur Umformung ohne Schmiermittel (Abb. 60 a) wieder. Neben der Schmierung am üblichen Ort, nämlich an der Berührfläche zwischen Zahnbrust und Umformbolzen (Abb. 60 b) wurde einmal nur der Zahnrücken an seiner Anlagefläche zum Gegenhalter geschmiert (Abb. 60 c), und schließlich wurden Zahnbrust und Zahnrücken gleichzeitig mit Schmiermittel versehen (Abb. 60 d). Aus dem Verlauf der Markierungslinien läßt sich keine Aussage über die Auswirkung der Schmierung machen. An der Zahnspitze ist die Umformung so stark, daß die Linien nur noch undeutlich zu erkennen sind, und im übrigen Bereich ist die Abweichung zwischen den einzelnen Abbildungen zu gering.

In der Ausbildung der Zahnspitze wird jedoch der Einfluß des Schmiermittels sichtbar. Während ohne Schmierung eine dicke Werkstoffahne zur Spitze geschoben wird, verringert sich der Anteil dieses für die Zahnbreitung verlorenen Materials mit zunehmender Schmierung, vor allem durch Hinzunahme der Zahnrückenschmierung. Die ohne Schmierung starke Ausbildung der sogenannten Fahne beruht darauf, daß durch die Hemmung des Werkstoffflusses an der Zahnbrust und am Zahnrücken vor der Breitung an der Zahnspitze ein Einreißen erfolgt (Abb. 61), so daß ein Werkstoffstück zur Spitze geschoben und abgetrennt wird.

Für die Schmierung des Zahnrückens ergibt sich somit eine besondere Bedeutung. Die üblicherweise allein vorgenommene Zahnbrustschmierung schützt zwar den Umformbolzen vor Reibungsverschleiß, genügt aber für den Umformvorgang nicht, da durch den Gegenhalter auf dem ungeschmierten Zahnrücken eine zu starke Bremswirkung erfolgt (s. auch Abschn. 4.22).

Um den Einfluß der Schmierung auf die Breitung des Sägenzahnes zu untersuchen, wurden bei der gleichen Einstellung des Umformwerkzeuges mit und ohne Anwendung eines Schmiermittels umgeformte Zähne in ihrer Breite nach dem Umformen ausgemessen. Die Tabelle 6 gibt die gemessenen Werte und die aus den Mittelwerten mehrerer Messungen gefundene Abweichung wieder. Die gemessene Breite ist umso geringer, je besser das Schmiermittel schmiert. Dies mag zunächst unverständlich erscheinen, da man bei Einsatz eines Schmiermittels und bei Erhöhung der Schmierwirkung ein besseres seitliches Gleiten des Werkstoffes erwartet. Die hier geringere Breite beruht aber darauf, daß bei der Umformung ohne Schmierung ein leichtes Einreißen des Randes der Umformzone auftritt, was fälschlicherweise durch vorspringende Ecken eine größere Breitung vortäuscht. Hiermit stimmt auch der große Breitungsunterschied bei den Sägenzähnen aus Chrom-Vanadium-Stahl überein, bei denen das Einreißen der Zahnseiten durch Umformung ohne Schmierung besonders stark war.

<u>T a b e l l e   6</u>

Einfluß der Schmierung beim Gleitstauchen auf
die Breitung des Sägenzahnes

| Sägen-stahl | Blech-dicke $b_o$ [mm] | Breitung durch die Umformung $(b_1 - b_o)$ [mm] | | | | | | Abweichung der Mittelwerte $A_M-B_M$ $A_M-C_M$ [mm] | |
|---|---|---|---|---|---|---|---|---|---|
| | | A ohne Schmier-mittel | | B Ölkreide-schmierung | | C $MoS_2$-Schmierung | | | |
| | | E[x)] | M | E | M | E | M | | |
| 75Ni10 | 1,8 | 1,84 1,84 | 1,84 | 1,76 1,74 | 1,75 | 1,73 1,73 | 1,73 | 0,09 | 0,11 |
| 75Ni10 | 1,6 | 1,49 1,45 1,52 | 1,49 | 1,45 1,45 | 1,45 | 1,44 1,44 1,30 | 1,39 | 0,04 | 0,10 |
| 80 CrV 2 | 1,8 | 1,82 1,98 xx) | 1,90 | – | – | 1,66 1,72 | 1,69 | – | 0,21 |

x) E = einzelner Meßwert, M = Mittelwert

xx) Zahnrand stark eingerissen.

## 5.4 Schnitt-Darstellung eines umgeformten Sägenzahnes

Eine perspektivische Darstellung der Umformzone eines Sägenzahnes ist wegen der verzerrten Wiedergabe der Krümmungen zur genauen Betrachtung des Auswölbungsverlaufes nicht geeignet. Es wurden daher durch den umgeformten Zahn nebeneinander Längsschnitte parallel zur Ausgangsfläche der Zahnbrust gelegt und Querschnitte senkrecht zu diesen, um so eine räumliche Wirkung zu erreichen (Abb. 62). Die sich ergebenden Schnittflächen a bis e in Längsrichtung sind rechts von der Seitenansicht des Sägenzahnes dargestellt, die Schnittflächen 1 bis 7 in Querrichtung unter der Seitenansicht, wobei die entsprechenden Schnittflächen vor der Umformung des Zahnes mit eingezeichnet sind. Die Schnitte wurden so gelegt, daß charakteristische Zonen des Umformbereiches betrachtet werden können.

Es sind nun folgende Beziehungen vorhanden:

Die beim Schnitt der Längsschnitt-Ebenen a bis e mit den Querschnitt-Ebenen 1 bis 7 entstehenden Schnittlinien verlaufen zum Teil durch den Sägenzahn, und es ergeben sich somit durch die seitlichen Außenflächen des Zahnes auf diesen Schnittlinien Strecken, wie z.B. 3 a bis 3 d im Querschnitt 3. Jede dieser Strecken erscheint in der Schnittdarstellung zweimal. Für das betrachtete Beispiel sind die Strecken des Querschnittes 3 in den Längsschnitten a, b, c und d in der Schnittebene 3 wiederzufinden. Entsprechend sind die Strecken eines Längsschnittes, z.B. die Strecken $1_d$ bis $6_d$ des Längsschnittes d in den Querschnitten 1 bis 6 in der Schnittebene d enthalten.

Jeder Punkt einer Schnittlinienstrecke kann in seiner Einordnung in den betreffenden Längs- und Querschnitt betrachtet werden. Die Zuordnung eines solchen Punktes zu einem Schnitt kann durch Indizes erfolgen; $P_{4c}$ würde dann z.B. bedeuten, daß der betrachtete Punkt im Querschnitt 4 auf der Linie c und im Längsschnitt c auf der Linie 4 liegt. Will man einen Punkt auf der Schnittlinienstrecke eines Schnittes genauer festlegen, so wird am besten der Abstand von einer einzuzeichnenden Maßlinie angegeben. Als Maßlinie kann bei symmetrischen Schnitten die Mittellinie genommen werden. Diese Schnitt-Darstellungsart wird immer dann vorteilhaft sein, wenn ein Körper mit gekrümmten Flächen räumlich zu betrachten ist. Im vorliegenden Fall ist der Verlauf der seitlichen Aufwölbung des Sägenzahnes an Hand der Längs- und Querschnitte durch die Umformzone gut zu verfolgen. Die Abbildung 63 zeigt die Anwendung auf eine einfache quaderförmige Stauchprobe.

# 6. Gefügeänderung, Kaltverfestigung und logarithmische Formänderung am umgeformten Sägenzahn

## 6.1 Gefügeumwandlung durch die Kaltumformung

Vergüteter Stahl von der Qualität eines legierten Sägenstahles weist ein sehr feinkörniges Gefüge auf. In diesem feinen Vergütungsgefüge macht sich eine Umwandlung durch Kaltumformung nur wenig bemerkbar.

Die Abbildung 64 zeigt nicht umgeformtes Gefüge und Gefüge aus der Umformzone an der Zahnbrust des nickellegierten Sägenstahles 75Ni10 in 500facher Vergrößerung. Die Aufnahmen wurden im Längsschnitt von der Zahnspitze zum Zahngrund durch die Mitte des Zahnes gemacht (s. Skizze der Abb. 64). Man erkennt, daß das Gefüge in der Umformzone zusammengedrückt ist, wobei eine Streckung parallel zur Zahnbrust in Richtung der Drehbewegung des Umformbolzens auftritt. Einzelheiten einer Gefügeumwandlung sind nicht zu erkennen. Wie gering die Gefügeänderung durch die Kaltumformung ist, wird auch in einer Übersichtaufnahme im Querschnitt senkrecht zur Zahnbrust durch die Mitte der Umformmulde deutlich (Abb. 65). Man sieht hier die Gefügelinien des Walzzustandes, die in der Umformzone seitlich ausgebogen sind.

Eine Gefügeübersicht im Querschnitt durch die Umformzone nach dem seitlichen Flachpressen ist in der Abbildung 66 wiedergegeben. Auch hier sieht man an dem Verlauf der Gefügelinien des Walzzustandes die durch die Kaltumformung bedingte Auslenkung. Diesmal handelt es sich um den Chrom-Vanadium-Stahl 80 CrV 2.

## 6.2 Kaltverfestigung in der Umformzone

### 6.21 Härteverteilung nach dem Gleitstauchen

Kaltverfestigung bedeutet eine Steigerung der Härte eines Werkstoffes durch Kaltumformung. Sie wird dadurch bedingt, daß eine Formänderung der Werkstoffteilchen auftritt und ist daher abhängig vom Umformgrad und mit diesem in den verschiedenen Bereichen der Umformzone unterschiedlich. Die Kaltverfestigung muß also dort am größten sein, wo die größte Umformung stattgefunden hat, d.h. für den vorliegenden Fall im Bereich der größten Breitung des Sägenzahnes.

Die Umformung der Sägenzähne durch das Gleitstauchen ist nur dann möglich, wenn die damit verbundene Kaltverfestigung so groß ist, daß die für den Umformvorgang noch tragbare Härte an der Zahnspitze auf den für den Einsatz der Sägen erforderlichen Wert gesteigert wird. Die für die Durchführbarkeit der Kaltumformung notwendige Herabsetzung der Vergütungshärte muß somit durch eine Kaltverfestigung im Schneidenbereich der Sägenzähne wieder ausgeglichen werden. Die für Holzsägeblätter erforderlichen Zahnhärten liegen bei 47 bis 50 HRC-Einheiten. An den umgeformten Sägenzähnen wurden umfangreiche Kleinlast-Härteprüfungen vorgenommen, um die Härtesteigerung durch die Kaltverfestigung zu bestimmen.

Die Schnitte durch den Sägenzahn, in denen die Härtemessungen durchgeführt wurden, sind in der Abbildung 67 dargestellt. Es handelt sich um zwei Querschnitte $a_1$ und $a_2$, die nahe der Zahnspitze und durch die Mitte der Umformmulde gelegt wurden, und um einen Längsschnitt $a_3$. Die zu untersuchenden Zähne wurden bis zu dem für die Härteprüfung vorgesehenen Schnitt mit geringster Spanabnahme abgeschliffen, um jegliche Erwärmung und Anlaßwirkung zu vermeiden. Anschließend wurde die Schnittfläche mit Diamantkornpaste nachgeschliffen und poliert, wobei die Korngrößenfolge 7 µm, 3 µm und 1 µm zur Anwendung kam. Für den zur Härteprüfung eingesetzten Kleinlast-Härteprüfer mit Vickerspyramide (Leitz-Durimet) wurde eine Prüflast von 100 g gewählt. Bei dieser Prüflast war es möglich, genügend kleine Eindrücke zu erzielen und so auf den Prüfflächen von nur wenigen mm$^2$ Größe zahlreiche Messungen vorzunehmen.

Bevor auf die Ergebnisse der Härteermittlung eingegangen wird, ist zu erwähnen, daß eine Kleinlast-Härteprüfung (Mikrohärteprüfung) vor allem bei sehr kleinen Belastungen keine Gewähr für absolut richtige Härtewerte gibt. Die Ausmessung der Eindrücke kann individuell verschieden sein, so daß - wenn alle Messungen von der gleichen Person durchgeführt werden - eine genaue Aussage nur über die Härteverteilung zu machen ist. Ein Angleich der Kleinlast-Härtewerte an die absolute Härte wurde dadurch erreicht, daß die Prüfung auf den durch die Umformung unbeeinflußten Bereich des jeweiligen Schnittes ausgedehnt wurde und somit den mit dem üblichen Härteprüfverfahren bei höherer Belastung ermittelten Werten der Ausgangshärte gegenübergestellt werden konnte. Wie die Tabelle 7 zeigt, liegen die mit dem Kleinlast-Prüfer gewonnenen Härtewerte um 1 bis 2 HRC-Einheiten zu hoch. Die Meßwerte des Kleinlast-Härteprüfers wurden in die in der Sägenindustrie üblichen HRC-Einheiten umgerechnet.

Die Abbildung 68 gibt die Verteilung der Härtewerte in den Querschnitten $a_1$ und $a_2$ bei zwei durch Gleitstauchen umgeformten Zähnen einer

Säge aus nickellehiertem Stahl 75Ni10 wieder. Die größten Härtewerte
finden sich bei allen betrachteten Querschnitten in der Zahnbrustzone,
wo die größte Umformung auftritt.

T a b e l l e  7

Ausgangshärte der untersuchten Sägenstähle

| Sägenstahl | Ausgangshärte in HRC-Einheiten | |
|---|---|---|
|  | Rockwellprüfung | Kleinlastprüfung mit Vickerspyramide |
| 75 Ni 10 | 38 bis 39 | 39 bis 40 |
| 80 CrV 2 | 43 | 44 bis 45 |
| C 85 WS | 38 bis 39 |  |
| 70 WMo | 43 bis 45 |  |

Von einigen Abweichungen abgesehen, ergeben sich im Umformbereich etwa
parallele Linien gleicher Härte, die aber nicht bis zu den Zahnseiten
verlaufen, an denen die Härtewerte niedriger sind. Hierhin wird durch
die Breitung unverfestigter Stoff geschoben, so daß die Zahnseiten nur
in der Nähe der Zahnspitze zwischen Gegenhalter und Umformbolzen kalt-
verfestigt werden. Im Querschnitt $a_2$ durch die Mitte der Umformmulde
findet sich in den Seitenzonen somit die Ausgangshärte, wie sie im
schraffierten Teil vorliegt.

Der kaltverfestigte Teil erstreckt sich, wie der Querschnitt $a_2$ zeigt,
von der Zahnbrust aus gesehen bis zu dem Übergang der Umformungsbreitung
zur Ausgangsdicke des Sägenzahnes. Auffallend ist aber bei beiden Zähnen ein kleiner Bereich in dieser Übergangszone, in dem gerade die
sonst unverfestigten Zahnseiten eine erhöhte Verfestigung aufweisen.
Dies läßt sich durch ein zusätzliches Zusammendrücken des Werkstoffes
erklären, das seitlich durch eine Einwölbung der Außenfasern erfolgt.

In den Querschnitten $a_1$, d.h. in der Nähe der Zahnspitze, erstreckt sich
die Kaltverfestigung von der Zahnbrust bis zum Zahnrücken, und die
Härtewerte sind höher als in den Querschnitten $a_2$. Es handelt sich um
die Zone einer größeren Breitung, in der somit eine größere Formänderung zu einer höheren Kaltverfestigung geführt hat.

Die Abweichung der Härtehöchstwerte der beiden betrachteten Zähne voneinander ergibt sich aus der ebenfalls geringen Abweichung der Ausgangshärten um etwa 1 HRC-Einheit.

Die Kaltverfestigung im Längsschnitt $a_3$ ist aus Abbildung 69 ersichtlich, die Sägenzähne aus nickellegiertem Stahl 75Ni10 und aus Chrom-Vanadium-Stahl 80 CrV 2 darstellt. Der aufgehärtete Bereich beginnt kurz unterhalb der Umformmulde und verläuft dann etwa parallel zur Wölbung der Zahnbrust zum Zahnrücken hin. Unter Berücksichtigung der unterschiedlichen Ausgangshärten von 39 bis 40 HRC für den Stahl 75Ni10 und 44 HRC für den Stahl 80 CrV 2 ist die Härtesteigerung für beide Werkstoffe in den einzelnen Bereichen der Umformzone nahezu gleich. Sie ist an der Zahnbrust in der Nähe der Zahnspitze am größten und beträgt hier umgerechnet aus den HV-Werten 9 bis 11 HRC-Einheiten.

Die höchsten Härtewerte, die bei Berücksichtigung der wahren Ausgangshärte nach Tabelle 7 49 bis 52 HRC (525 bis 572 HV) betragen, liegen in beiden betrachteten Beispielen etwa 1/6 der Sehnenabmessung l der Umformungswölbung von deren oberen Ende entfernt. Hier muß die für den Sägenzahn erforderliche Härte von 47 bis 50 HRC-Einheiten überschritten werden, um auch in den angrenzenden Bereichen der Schneidzone eine genügende Aufhärtung zu erzielen.

Die eigentliche Schneide weist nach dem Abschleifen der Stauchfahne Härtewerte auf, die um 2 bis 3 HRC-Einheiten unter dem Höchstwerte liegen. Bei der vorliegenden Umformung ist also eine überhöhte Beanspruchung des am stärksten umgeformten Bereiches erforderlich, um bis zur Zahnspitze die gewünschte Kaltverfestigung zu erreichen. Bei einer Verlegung der größten Härtesteigerung zur Zahnschneide könnte die Ausgangshärte etwas herabgesetzt werden, was einer Erleichterung der Umformung gleichkommen würde. Anderenfalls wäre eine Erhöhung der Schneidenfestigkeit gegeben. Eine Möglichkeit, dies durch Abwandlung des Umformverfahrens zu erreichen, wird in Abschnitt 8 besprochen.

Mit der Abbildung 69 ergibt sich nun eine Vergleichsmöglichkeit zwischen der Kaltverfestigungszone und dem Umformbereich, wie er in den Aufnahmen von Zähnen mit Liniennetzmarkierung (s. Abb. 52) ermittelt wurde. Aus der Kaltverfestigung findet man die Grenze des beeinflußten Bereiches für die beiden untersuchten Zähne in einem Abstand von 1,8 bis 2,2 mm von der Zahnbrustzone. Die in der Abbildung 52 ermittelte Ausdehnung des Umformbereiches ist aber mit nahezu 3 mm größer. Da Umformung und Kaltverfestigung zusammenhängen, ist die Abweichung nur dadurch zu erklären, daß die durch eine geringe Linienverzerrung in der Nähe des Zahnrückens noch zu erkennende Umformbeeinflussung in einer Entfernung von mehr als 2 mm von der Zahnbrust für eine merkliche Härtesteigerung zu gering ist; sie geht in der Meßungenauigkeit der Härtebestimmung unter.

Die Ausdehnung eines Umformbereiches ist also durch ein aufgetragenes Liniennetz genauer zu bestimmen als durch eine Härteermittlung. Bei Feststellung einer Aufhärtungszone ist der wahre Umformbereich auf jeden Fall größer.

Die sich aus dem durchgeführten Vergleich ergebende Vergrößerung des beeinflußten Bereiches für die Härteaufzeichnung wurde in die Abbildung 69 eingetragen.

Vorteilhaft für die gewünschte Aufhärtung des Zahnes ist es, daß die Härtewerte, wie die betrachteten Längsschnitte zeigen, in der Nähe der Zahnbrust auf eine große Strecke verhältnismäßig wenig vom Höchstwert abweichen, während sie in Richtung zum Zahnrücken schneller abfallen. Die Zahnbrustzone hat beim Einsatz der Säge die größte Beanspruchung aufzunehmen.

## 6.22 Härteverteilung nach dem seitlichen Flachpressen

Durch das an das Gleitstauchen anschließende seitliche Flachpressen, für das Härtewerte im mittleren Bereich der Umformzone (Querschnitt $a_2$) in der Abbildung 70 an zwei Beispielen für nickellegierten Stahl 75Ni10 und für Chrom-Vanadium-Stahl 80 CrV 2 betrachtet werden, hat sich an der vorherigen Härteverteilung wenig geändert (vgl. Abb. 68). Wie schon bei der Untersuchung der Werkstoffverschiebung gefunden wurde, ist nur eine leichte Aufwölbung von den Zahnseiten zur Zahnbrust aufgetreten. Die zusätzliche Umformung hat keine weitere Härtezunahme der Zahnseiten gebracht, so daß sie auch hiernach in diesem Bereich nur an der Zahnspitze über der Ausgangshärte liegen. Die erwähnte hervortretende Härtezunahme in einem kleinen Bereich am Übergang von der Breitungszone zur Ausgangsdicke des Sägenzahnes ist wieder zu erkennen.

In der Abbildung 71 ist nach dem in Abschnitt 5.4 angewandten Darstellungsverfahren ein räumlicher Überblick über die Härteverteilung gegeben. Es sind drei Härtebereiche eingetragen, 8 bis 10 HRC als größte Aufhärtung im oberen Drittel des umgeformten Zahnes, 5 bis 8 HRC und 2 bis 5 HRC. Die übrigen Zonen liegen etwa bei der Ausgangshärte.

Die Verkleinerung des Zahnprofils beim Nachschleifen bis zur Restform
vor einem erneuten Umformvorgang und die damit verbundene Verlagerung
der Schneide in andere Härtebereiche werden in der Abbildung deutlich.
Der Aufhärtungsbereich der jeweiligen Zahnbrustzone nach dem Nachschleifen ist zwar kleiner als vorher, die Schneide selbst rückt aber immer
mehr in die Zone der höchsten Härtesteigerung. Die Restform ist in 4 bis
5 Nachschliffen erreicht. Ein weiteres Abschleifen würde in einem großen
Bereich der Zahnbrust in eine Zone geringer Aufhärtung und so zum Nach-
lassen der Standzeit führen. Die Verlagerung der Schneide beim Nachschleifen in einen Bereich höherer Härte erklärt auch die Feststellung
in der Praxis, daß nachgeschliffene Zähne eine bessere Standzeit aufweisen als neu umgeformte.

Die Abbildung 71a zeigt in Ergänzung zur Abbildung 71 eine perspektivische Ansicht eines Sägenzahnes nach dem Gleitstauchen mit Eintragung
der verschiedenen Härtebereiche.

### 6.23 Härteverteilung bei der Umformung nach KIVIMAA

Bei der Umformung nach KIVIMAA (s. Abschn. 1.4) wird der Sägenzahnwerk-
stoff in anderer Weise beeinflußt als beim sonst üblichen Gleitstauchen.
Die in einem Querschnitt durch die Umformzone ermittelten Härtewerte sind
in der Abbildung 72 wiedergegeben.

Die Härteverteilung weicht nur wenig von der eines durch Gleitstauchen
und nachfolgendes seitliches Flachpressen umgeformten Zahnes ab (vgl.
Abb. 70). Die Aufhärtung der Zahnseiten ist zwar durch die beim Gleitstauchen nach KIVIMAA vorhandene seitliche Begrenzung etwas größer, sie
liegt aber immer noch unter den Werten des mittleren Bereiches. Die
Härtewerte sind allerdings im ganzen höher, da eine verhältnismäßig
hohe Ausgangshärte von ungefähr 47 HRC-Einheiten vorliegt. Die größten
Härtewerte finden sich wieder an der Zahnbrust, reichen aber in der
Mitte tiefer in das Zahninnere hinein. Dies ist auf den im Abschnitt 1.4
erwähnten warzenartigen Vorsprung des Umformbolzens zurückzuführen.

### 6.3 Logarithmische Formänderung oder Umformgrad am Sägenzahn

Als Ergänzung zu der Bestimmung der Kaltverfestigung soll durch Betrachtung des Umformgrades eine weitere Aussage über die Umformung beim Gleitstauchen gewonnen werden. Wie in Abschnitt 2.3 gezeigt, stehen Kaltverfestigung und logarithmische Formänderung in festem Zusammenhang. Ein
am Sägenzahn gemessener Umformgrad muß also übereinstimmen mit einem

Umformgrad, der sich über die Kaltverfestigung aus der in Abbildung 14 angegebenen Beziehung ermitteln läßt.

Im Abschnitt 3.8 ist an Hand von Parallelversuchen herausgestellt worden, daß ein angenäherter, aus der Umformungsbreitung bestimmter Umformgrad $\varphi_b'$ ein auswertbares Formänderungsbild liefert, da der eigentliche Umformgrad $\varphi_b$, der in der Größenordnung der logarithmischen Hauptformänderung liegt, jeweils über die Breite der Umformzone bis auf einen schmalen Randbereich konstant ist. Ein ähnliches Ergebnis hat auch die Ermittlung der Kaltverfestigung ergeben, wo über die Querschnittsbreite der Umformzone bis auf die Zahnseiten nahezu gleiche Härtewerte auftreten. Für eine Ermittlung der logarithmischen Formänderung nach dem Gleitstauchen sollen daher die $\varphi_b'$-Werte zugrundegelegt werden.

Zunächst sei der Umformgrad $\varphi_b'$ in seinem Verlauf über die Länge der Umformmulde aufgetragen (Abb. 73). Da die größte Breitung des Sägenzahnes in der Nähe der Zahnspitze liegt, muß die Kurve von dem zum Zahngrund liegenden Bereich bis fast zur Zahnspitze hin ansteigen, woran sich nur ein kleines abfallendes Stück anschließt. Zur Festlegung des Kurvenverlaufs wurden drei Sägenzähne ausgewertet, zwei aus nickellegiertem Stahl 75Ni10 und einer aus Chrom-Vanadium-Stahl 80 CrV 2. Die einzelnen Meßwerte an den verschiedenen Stellen der Umformmulde streuen nur wenig, so daß nur eine mittlere Kurve eingezeichnet wurde. Für beide betrachteten Werkstoffe ist der Umformgrad somit bei gleicher Umformung nahezu gleich, was der ebenfalls gleichen Kaltverfestigung (s. Abschn. 6.21, Abb. 69) entspricht.

Es bleibt nun zu untersuchen, inwieweit die Höhe des gemessenen Umformgrades $\varphi_b'$ mit dem aus der Kaltverfestigung folgenden Umformgrad $\varphi$ übereinstimmt. Da die Kleinlasthärteprüfung - wie erwähnt - keine genauen absoluten Härtewerte liefert, sondern nur etwas über die Härtesteigerung aussagt, soll diese betrachtet werden. Die größte Härtezunahme beim Gleitstauchen betrug etwa 10 HRC-Einheiten. Nach der Beziehung zwischen HRC und $\varphi$ (Abb. 14) kommt dies einem Umformgrad von $\varphi = 0,8$ bis $0,9$ gleich, während die größte aus der Breitung ermittelte Umformung bei $\varphi_b' = 0,64$ bis $0,68$ liegt.

Zeichnet man die sich aus der Härtesteigerung ergebende $\varphi$-Kurve in das Diagramm der Abbildung 73 ein, so sieht man, daß die beiden Kurven gleich verlaufen, jedoch um einen gewissen Ordinatenbetrag gegenseitig verschoben sind. Eine Erklärung für die Abweichung der Kurven für $\varphi$ und $\varphi_b'$ voneinander, läßt sich bei einem Vergleich mit den Modellversuchen am Aluminiumzahn (Abschn. 4.22) finden. Wie in der Abbildung 47 gezeigt, ist die Differenz zwischen dem Umformgrad $\varphi_b$ und der eigentlichen logarithmischen Hauptformänderung $\varphi_h$, die schon im Abschnitt 3.8 bei den Vergleichsversuchen mit Bolzeneindrücken in Blechstreifen aufgezeigt wurde, bei der Zahnumformung größer als dort und liegt bei etwa 0,2. Dies entspricht aber der Abweichung der beiden in der Abbildung 73 dargestellten Kurven.

In der Abbildung 74 ist der Verlauf des Umformgrades in Richtung senkrecht zur Zahnbrust in der Mitte der Umformmulde, ebenfalls für die gemessenen Werte $\varphi_b'$ und die aus der Kaltverfestigung ermittelten Werte $\varphi$ aufgetragen. Die Differenz der Ordinatenwerte der beiden Kurven entspricht auch hier der im Modellversuch (Abb. 48) gefundenen Abweichung zwischen der logarithmischen Hauptformänderung $\varphi_h$ und dem Umformgrad $\varphi_b$ und beträgt an der Zahnbrust wieder 0,2. Bei einer Bestimmung des Umformgrades aus der Kaltverfestigung und umgekehrt muß also im vorliegenden Fall mit einer Abweichung der Absolutbeträge gerechnet werden, die an der Zahnbrust bei $(\varphi - \varphi_b') = 0,2$ liegt und von da aus, wie die Abbildung 74 zeigt, in Richtung t abnimmt.

## 7. Umformkräfte und Umformdrücke beim Gleitstauchen

### 7.1 Kraftrichtungen beim Gleitstauchen

Beim Gleitstauchen führt das Umformwerkzeug eine Drehung aus, und es entsteht durch die gekrümmte Umformfläche eine Keilwirkung (Abb. 75). Der Keil ist in diesem Fall um den Innendurchmesser $D_1$ gebogen.

Die durch die Umformbewegung entstehenden Kräfte und die sich aus den einzelnen Kräften ergebenden Resultierenden sind in der Abbildung 75 schematisch eingetragen. Die Kraftresultierenden einer bestimmten Stellung des Umformbolzens ergeben sich aus den Normalkräften, die radial zu der gekrümmten Keilfläche verlaufen, und aus den Tangentialkräften der Keilbewegung. Sie sind daher gegenüber der jeweiligen Normalkraft in Drehrichtung des Bolzens geneigt, und zwar wächst der Neigungswinkel mit dem Reibwert $\mu$. Die resultierende Kraftrichtung wandert ebenso wie die Richtung der Normalkraft mit fortschreitender Umformung von der Lage senkrecht zur Ausgangsfläche der Zahnbrust in Richtung auf die Zahnspitze.

## 7.2 Ermittlung der Kräfte beim Gleitstauchen bei Einsatz verschiedener Schmiermittel

Die für die Umformung erforderlichen Kräfte werden durch das für die Drehung des Bolzens aufzubringende Moment erzeugt. Das Drehmoment ergibt eine tangential zur Drehung wirkende Kraft, die den Umformkeil bewegt. Da die zur Umformung erforderliche Normalkraft durch den Formänderungswiderstand des Werkstoffes festliegt, hängt die Größe der aus dem Drehmoment resultierenden Kraft, die als Keilkraft $P_k$ bezeichnet werde, von dem Keilwinkel und dem Reibwert an der Keilfläche ab. Den Zusammenhang zwischen der Keilkraft und den Normalkräften gibt die Abbildung 76 wieder. Der einzusetzende Keilwinkel wurde aus der Herstellungszeichnung des Umformbolzens als jeweiliger Mittelwert des Anstieges der Umfangkurve entnommen, er beträgt bis zum Meßwert bei 20° Bolzendrehung 8° und für die weitere Umformdrehung 15° (s. Tab. 8).

T a b e l l e   8

Keilkräfte (tangential zur Bolzendrehung) $P_k$ und Normalkräfte (senkrecht zur Bolzenkrümmung) $N = P_k \cdot \dfrac{\cos \varrho}{\sin (\alpha + \varrho)} = P_k \cdot X$ beim Gleitstauchen ( $\varrho$ = Reibwinkel, $\alpha$ = Keilwinkel am Bolzen)

| Winkel-drehung des Umform-bolzens | Keil-winkel | Keilkräfte $P_k$ und Normalkräfte N [kp] | | | | | |
|---|---|---|---|---|---|---|---|
| | | Umformung ohne Schmierung | | Ölkreide-Schmierung | | $MoS_2$ Schmierung | |
| | | $P_k$ | N | $P_k$ | N | $P_k$ | N |
| 20° | 8° | 650 | 1700 | 450 | 1600 | 400 | 1500 |
| 40° | 15° | 850 | 1700 | 600 | 1550 | 550 | 1500 |
| 60° | 15° | 900 | 1800 | 650 | 1650 | 600 | 1600 |
| 80° (volle Umformung) | 15° | 1250 | 2500 | 1000 | 2500 | 900 | 2400 |
| Reibwert µ: | | 0,25 | | 0,14 | | 0,12 | |
| Reibwinkel $\varrho$: | | 14° | | 8° | | 7° | |
| Umrechnungs-faktor X: | $\alpha = 8°$: | 2,65 | | 3,6 | | 3,8 | |
| | $\alpha = 15°$: | 2,0 | | 2,55 | | 2,65 | |

Die Ermittlung der Keilkräfte $P_k$ war dadurch möglich, daß das Drehmoment zum Drehen der den Umformbolzen tragenden Welle gemessen wurde. Hierzu wurde die Verbindung der Welle zum Getriebe der eingesetzten Umformmaschine gelöst, und die Welle mit einem Hand-Kraftmeßschlüssel gedreht. Das aufgebrachte Drehmoment wurde bei verschiedenem Drehwinkel des Umformbolzens abgelesen, wobei der handelsübliche Hand-Kraftmeßschlüssel zur Erhöhung der Ablesegenauigkeit mit einer vergrößerten Skala und einem 200 mm langen Zeiger versehen worden war. Die aus dem Drehmoment ermittelten Keilkräfte für eine Umformung ohne Schmierung, mit Ölkreide-Schmierung und mit $MoS_2$-Schmierung, wobei jeweils Zahnbrust und Zahnrücken geschmiert wurden, enthält die Tabelle 8. Für die Umrechnung wurde als Hebelarm am Umformbolzen der Halbmesser bis zur Mitte zwischen dem Innendurchmesser $D_1$ = 7,9 mm und dem Außendurchmesser $D_2$ = 11 mm eingesetzt (s. Abb. 75), er beträgt 4,725 mm. Da die Bestimmung der Kräfte nur annäherungsweise erfolgt, wurde die Lagerreibung, die etwa 5 bis 8 % der Tangentialkräfte aufnehmen mag, vernachlässigt. Der Verlauf der Keilkräfte bei Drehung des Umformbolzens ist in der Abbildung 77 dargestellt.

Bei $MoS_2$-Schmierung, d.h. bei Anwendung eines hochwirksamen Schmiermittels, fällt der Kraftbedarf gegenüber der Umformung ohne Schmierung 30 bis 35 % ab. Die allgemein übliche Ölkreide-Schmierung ist in ihrer Wirkung - wie zu erwarten - weniger reibungsmindernd. Die Werte liegen zwischen denen der Umformung ohne Schmierung und mit $MoS_2$-Schmierung, und der Kraftbedarf für die Umformung wird hier gegenüber dem Fall ohne Schmierung um 20 bis 30 % herabgesetzt.

Interessant für die Betrachtung des Gleitstauchvorganges ist es nun, die senkrecht zur Umformfläche wirkenden Normalkräfte zumindest in ihrer ungefähren Größe zu bestimmen. Hierzu muß zunächst der Reibwert $\mu$ des jeweiligen Umformfalles bekannt sein. In einem Parallelversuch wurde zu diesem Zweck ein Umformbolzen bei einer Belastung P von 1 und 2 Mp in der Umformmulde eines Blechstreifens der Versuche aus Abschnitt 3 gedreht und die erforderliche tangentiale Drehkraft $P_t$ aus dem Drehmoment bestimmt. Nach der Beziehung $P_t = P \cdot \mu$ wurden die mittleren Reibwerte des betrachteten Belastungsbereiches - der, wie die Normalkräfte zeigen, die auftretenden Umformkräfte etwa erfaßt - für die Fälle ohne Schmierung, Ölkreide-Schmierung und $MoS_2$-Schmierung zu $\mu$ = 0,25; 0,14 und 0,12 ermittelt (Tab. 8).

In der Abbildung 78 sind die Normalkräfte N, die sich gemäß Abbildung 76 aus der Beziehung

$$N = P_k \cdot \frac{\cos \varrho}{\sin (\alpha + \varrho)}$$

ergeben, für die verschiedenen Umformbedingungen aufgetragen (s. Tab. 8). Während die Keilkräfte mit fortschreitender Umformung je nach Anwendung eines Schmiermittels von 400 bis 650 kp auf 900 bis 1250 kp ansteigen, was Drehmomenten von 2 bis 6 mkp entspricht, haben die Normalkräfte im Vergleich hierzu den 2- bis 3fachen Betrag. Sie nehmen im Mittel von 1600 auf 2450 kp zu und streuen mit unterschiedlicher Schmierung nur wenig. Dieses Ergebnis war zu erwarten, da diese Kräfte durch die Bolzenform festliegen und bei gleicher Ausgangsbreite des Sägenzahnes von der Art der Schmierung unabhängig sein müssen. Da es sich um Zähne derselben Säge handelt, ist die Gleichheit der Ausgangsbreiten gegeben. Es wurde hier nur eine mittlere Kurve für die verschiedenen Schmierungsfälle eingezeichnet.

Der ungleichmäßige Verlauf der Kurven für die Keilkräfte, die zu Beginn und gegen Ende der Umformung stärker ansteigen als im mittleren Bereich zwischen Winkeldrehungen des Umformbolzens von 40 bis 60°, wird durch die Form des Umformbolzens bedingt, durch die Krümmung der Übergangsfläche von dem kleinen zum großen Durchmesser. Bei den Normalkräften, bei deren Bestimmung der unterschiedliche Anstieg der Umformkurve berücksichtigt wurde, ist das Anwachsen der Werte mit fortschreitender Bolzendrehung gleichmäßiger. Sie nehmen über den ganzen Umformbereich progressiv zu.

### 7.3 Berechnung der Druckbeanspruchung beim Gleitstauchen aus den ermittelten Kräften

Nach Feststellung der beim Gleitstauchen wirkenden Kräfte ist es möglich, auch die Druckbeanspruchung, die sich aus den Normalkräften und der jeweiligen Druckfläche ergibt, näherungsweise zu bestimmen. Die Berechnung der Druckbeanspruchung nach der Beziehung

$$p = \frac{N}{F}$$

für die verschiedenen Winkeldrehungen des Umformbolzens und für die verschiedenen Schmierungsfälle ist in der Tabelle 9 angegeben. Als Druckfläche wurde die in der Abbildung 19 dargestellte Bestimmung beim Eindrücken eines Bolzens in einen Blechstreifen zugrunde gelegt. Beim Gleitstauchen tritt allerdings die größte Breitung nicht in der Mitte der Umformmulde auf, so daß gegenüber der eingesetzten Fläche eine Verzerrung vorliegt, die aber die Größe der Fläche nur wenig beeinflußt.

Die Genauigkeit der Flächenbestimmung reicht jedenfalls für die gemäß
der Kräfteermittlung überschlägige Berechnung der Druckbeanspruchung aus.

### Tabelle 9

Druckbeanspruchung senkrecht zur Bolzenkrümmung beim Gleitstauchen

| Winkeldrehung des Umformbolzens | Länge der Umformmulde $l$ [mm] | Breite nach der Umformung $b_1$ [mm] | Druckfläche $F = \dfrac{(2b_1 + b_0) \cdot l}{3}$ ($b_0 = 1,6$ mm) [mm²] | Umformdruck $p = N/F$ [kp/mm²] | | |
|---|---|---|---|---|---|---|
| | | | | ohne Schmierung | mit Ölkreide | mit $MoS_2$ |
| 20° | 4,6 | 1,8 | 8,0 | 210 | 200 | 190 |
| 40° | 5,4 | 2,2 | 10,8 | 160 | 145 | 140 |
| 60° | 6,0 | 2,5 | 13,2 | 135 | 125 | 120 |
| 80° (volle Umformung) | 6,8 | 3,0 | 17,2 | 145 | 145 | 140 |

Für die Änderung der Druckbeanspruchung mit zunehmender Umformung findet sich dasselbe, wie beim Eindrücken eines Umformbolzens in einen Blechstreifen aus Sägenstahl, die Werte fallen trotz fortschreitender Kaltverfestigung ab (vgl. Abschn. 3.3). Auch hier macht sich die unterschiedliche Kaltverfestigung der Druckfläche bemerkbar. Die Größe des Umformdruckes beim Gleitstauchen entspricht, wie die Tabelle 4 im Abschnitt 3.3 zeigt, dem Formänderungswiderstand bei den Vergleichsversuchen mit einem während des Eindrückens gedrehten Bolzen; abgesehen von den hohen Anfangswerten für den Sägenzahn, die aber außerhalb des in den Vergleichsversuchen betrachteten Bereiches liegen. Die mittlere Druckbeanspruchung für die Gleitstauch-Umformung ergibt sich bei einer Bolzendrehung von mehr als 20° zu etwa 140 kp/mm², die Maximalwerte müssen aber hier der mit der Umformung zunehmenden Kaltverfestigung zufolge noch über dem Anfangswert liegen, der je nach Schmierungsart 190 bis 210 kp/mm² beträgt.

### 7.4 Einfluß der Schmierung auf die Kräfte beim Gleitstauchen

Der Einsatz eines Schmiermittels beim Gleitstauchen wirkt sich auf die Größe der Tangentialkräfte am Umformbolzen und somit auf die Richtung und Größe der Kraftresultierenden aus (s. Abb. 75).

Durch die Art der Schmierung wird hauptsächlich eine Beeinflussung der Schubbeanspruchung des Werkstoffes an der Umformoberfläche, d.h. an der Zahnbrust des umzuformenden Sägenzahnes erreicht. Im Gegensatz zu einem Walzvorgang, bei dem das Umformwerkzeug auf der umzuformenden Fläche abrollt, tritt bei der Sägenzahnumformung zwischen dem Umformbolzen und der Werkstückoberfläche ein Gleiten in Richtung der Werkzeugbewegung auf, das durch ein wirksames Schmiermittel erleichtert werden muß. Von Bedeutung ist aber auch, daß die zur Bolzendrehung erforderliche Kraft durch eine gute Schmierung herabgesetzt wird und daher vor allem beim Gleitstauchen mit Handgeräten eine Erleichterung des Arbeitsganges gegeben ist.

## 8. Auswertung der Untersuchungen

### 8.1 Gegenüberstellung der idealisierten Vergleichsversuche zum Gleitstauchen am Sägenzahn

Die Vergleichsversuche mit Bolzeneindrücken in Blechstreifen im Abschnitt 3 haben in einer Vereinfachung des Gleitstauchvorganges bei Erzeugung eines ähnlichen Umformbildes einen Einblick in das Umformverhalten der zu untersuchenden vergüteten Sägenstähle ergeben. Der grundsätzliche Unterschied des Umformergebnisses beim Eindrücken eines zylindrischen Bolzens - auch bei Drehung des Bolzens während der Umformung - gegenüber dem Gleitstauchen am Sägenzahn besteht darin, daß die größte Breitung in der Mitte der Umformmulde liegt, während sie beim Sägenzahn zur Zahnspitze hin verschoben ist. Dies ist durch zwei Unterschiede begründet:

a) der eingedrückte und sich drehende Bolzen verschiebt den Stoff weniger stark in tangentialer Richtung,

b) die unsymmetrische Zahnform führt zu einem Auspressen der Zahnspitze zwischen Bolzen und Gegenhalter.

Die Aussagefähigkeit der durchgeführten Vergleichsversuche soll nun an Hand der Größenordnung von Breitung und Umformgrad und durch eine Betrachtung der Form- und Steifheitsfaktoren umrissen werden.

Die durch äußere und innere Reibung verbrauchte Umformenergie liegt für die Vergleichsversuche und die Sägenzahnumformung in der gleichen Größenordnung. Dies ist bei einer vergleichenden Gegenüberstellung der Formänderungswiderstände im Abschnitt 7.3 aufgezeigt worden. Das Bolzeneindruckverfahren hat aber den großen Vorteil, daß es unter eindeutigen Belastungsverhältnissen, die durch die in der Druckvorrichtung aufgegebene Umformkraft P festliegen, durchgeführt wird.

Eine der wichtigsten Größen am umgeformten Sägenzahn, die größte Breitung der Zahnbrust, ist in Abhängigkeit von der Eindringtiefe des Bolzens zum Vergleich mit den Verhältnissen beim Bolzeneindrücken in der Abbildung 25 eingetragen. Die Beziehung $(b_1-b_0)_{max} = f(h_{max})$ hat für den Sägenzahn noch etwas größere Breitungswerte bei gleicher Eindringtiefe als für den Fall beim Bolzeneindrücken mit Drehung während der Umformung. Die Erhöhung der Breitung durch Minderung der Haftreibung durch Bolzendrehen ist also beim Sägenzahn durch das hier andere Eindringen des Umformwerkzeuges noch verstärkt. Da die höchste Stelle der Umformkurve am Bolzen beim Auspressen der Zahnspitze schon über die Muldenmitte hinaus vorgedrungen ist, entsteht hier eine weitere Breitung ohne Erhöhung der Eindringtiefe des Bolzens.

Eine gute Vergleichsmöglichkeit der Breitung im Umformbereich am Sägenzahn und beim Bolzeneindrücken zeigt der Verlauf von $(b_1-b_0)$ über die Eindrucklänge (Abb. 79). Hier wird der Zahnumformung nur der Umformfall mit Bolzendrehen der Vergleichsversuche gegenübergestellt - bei gleicher Eindringtiefe des Bolzens -, da dieser die größte Annäherung an das Gleitstauchen eines Sägenzahnes darstellt. Das Diagramm zeigt, wie die größte Breitung beim Sägenzahn fast ganz am Zahnspitzenende der Umformmulde liegt. In der Muldenmitte stimmen aber die Breitungswerte der beiden Umformfälle überein. Man kann daher nicht von einer Verlagerung des größten Breitungswertes bei der Sägenzahnumformung sprechen, sondern es wird hier eine zusätzliche über den Größtwert der Eindruckumformung mit Bolzendrehung hinausgehende Breitung der Zahnspitzenzone erreicht. Diese große Breitung an der Zahnspitze ist jedoch, wie mehrfach erwähnt, wichtig, da dadurch die erforderliche Nacharbeitung der Zahnseiten zur Erzielung einer freischneidenden Zahnform verringert wird. Zudem ist es günstig, daß die Breitung in dieser Zone bis zum Zahnrücken reicht, wodurch die Schneide widerstandsfähiger wird. Die eingetragene Kurve der Eindringtiefe h ist für beide Umformungen der Kreisbogen des Bolzen-Außendurchmessers, der sich am Sägenzahn durch die Drehung des Exzenterbolzens als Endstufe der Umformmulde ergibt.

Ein ähnliches Bild zeigt sich, wie zu erwarten, bei einer vergleichenden Betrachtung des Umformgrades $\varphi_b'$ in seinem Verlauf über die Eindruck- bzw. Muldenlänge in Richtung l bei gleicher Eindringtiefe des

Bolzens (Abb. 80). Entsprechend zum Breitungsverlauf gehen die $\varphi_b'$-Werte für die Sägenzahnumformung im Bereich etwa von der Muldenmitte bis zur Zahnspitze über die größten Werte der Eindruckumformung hinaus. Die Zunahme kommt hier sogar noch stärker zum Ausdruck als bei der Breitung, sie beträgt etwa 50 % des Wertes in der Muldenmitte. Zur weiteren Gegenüberstellung und zur Verdeutlichung der guten Modelleigenschaften von Aluminium sind auch die Werte von Aluminium-Sägenzähnen der gleichen Abmessungen wie die Stahlzähne eingetragen. Die Aluminium-Zähne wurden als Teil einer Kreissäge ausgebildet, so daß sie auf der gleichen Maschine wie die Stahl-Sägenzähne umgeformt werden konnten. Die $\varphi_b'$-Kurven für Aluminium und Stahl fallen für $\varphi_b'$-Werte über 0,4 zusammen. Für vergüteten Stahl sind Meßwerte verschiedener Zähne wiedergegeben, die aber nur wenig streuen.

In der Abbildung 81 ist der Umformgrad $\varphi_b'$ in der Mitte der Umformmulde in Richtung t senkrecht zur Zahnbrust für den Sägenzahn und die Eindrückprobe aus Sägenstahl mit Bolzendrehung während der Umformung dargestellt. Im Gegensatz zur Zahnumformung ergibt das Bolzeneindrücken eine größere Einwirktiefe t der Breitung. Die $\varphi_b'$-Werte nehmen zwar zunächst für beide Fälle in etwa gleichem Verlauf ab, ungefähr 1 mm unter der Oberfläche wird dann aber für das Bolzeneindrücken der Abfall der Kurve geringer. Hier erreicht die Einwirktiefe mit nahezu 4 mm fast den doppelten Wert im Vergleich zur Zahnumformung. Dies bedingt die unterschiedliche Umformart, die beim Zahn durch eine Ablenkung des Stoffflusses zur Zahnspitze gekennzeichnet ist. Die Einwirktiefe senkrecht zur Zahnbrust ist daher kleiner als die senkrecht zur Umformoberfläche beim Eindruckversuch. Die Abweichung der größten $\varphi_b'$-Werte - die an der Berührfläche zum Umformwerkzeug liegen - voneinander, ergibt sich für die betrachteten Umformfälle aus der Abbildung 80. Im Gegensatz zur Oberflächenbreitung sind hier schon in der Muldenmitte die Werte des Umformgrades für den Sägenzahn höher als für die Eindruckprobe.

Einen weiteren Aufschluß über die Vergleichbarkeit der Eindruckversuche mit der Umformung am Sägenzahn gibt eine Bestimmung der Formfaktoren f und der Steifheitsfaktoren f'. Die seitliche Aufwölbung soll für den Zahn wie für die Eindruckprobe in der Mitte der Umformmulde betrachtet werden; die Werte sind in der Tabelle 5 im Abschnitt 3.6 angegeben. Der Formfaktor f für die Sägenzahnumformung liegt in der Größenordnung der f-Werte der Eindruckversuche gleicher Breitung mit Bolzendrehung. Der Steifheitsfaktor f' ist dagegen am Sägenzahn größer als bei den Vergleichsversuchen. Er liegt mit 0,4 etwa doppelt so hoch wie im entsprechenden Breitungsbereich der Eindruckversuche mit Bolzendrehung und damit näher an dem als kritisch angesehenen Wert 1. Dies entspricht der geringeren Einwirktiefe der Breitung bei der Sägenzahnumformung (vgl. Abb. 81). Wie bei den Vergleichsversuchen - siehe Abschnitt 3.6 - wirkt sich aber auch hier die Abnahme des Formfaktors mit zunehmender Breitung günstig aus. Der Steifheitsfaktor f', der jetzt noch verhältnismäßig weit von 1 entfernt, würde sonst ungünstiger liegen.

Zusammenfassend läßt sich folgendes sagen:

Die Umformung durch Gleitstauchen am Sägenzahn wird zwar hinsichtlich bestimmter Größen durch die abgewandelten Eindruckversuche unter vereinfachten Versuchsbedingungen zutreffend wiedergegeben, jedoch entspricht das Bolzeneindruckverfahren mit seinen eindeutigen Belastungsverhältnissen nicht in allen Punkten der Sägenzahnumformung.

(Eine andere Vereinfachungsmöglichkeit zum Gleitstauchvorgang am Sägenzahn wäre ein stoffverdrängendes Schieben eines Bolzens, wie es in der Abbildung 82 angedeutet ist. Gegenüber der in der vorliegenden Arbeit gewählten Umformvereinfachung ist hier zwar eine stärkere Stoffverdrängung in Gleitrichtung des Bolzens vorhanden, wie sie auch bei der Sägenzahnumformung vorliegt, dafür ergibt sich aber eine abweichende Ausbildung der Umformzone, die nun keine Muldenform mehr aufweist.)

## 8.2 Erkenntnisse für die praktische Durchführung des Gleitstauchens von Sägenzähnen

### 8.21 Allgemeine Ergebnisse und Hinweise

Zunächst seien noch einmal die Punkte aufgeführt, die für den Gleitstauchvorgang am Sägenzahn von Bedeutung sind:

1. Große Breitung
2. Größte Breitung an der Zahnspitze
3. Kaltverfestigung der Schneidenzone

und als Folge:

A Hohe Standzeit
B Gleichmäßiger Schnitt

Eine große Breitung ohne Überbeanspruchung des Werkstoffes durch hohe Belastung wird durch Drehung des Umformwerkzeuges in der Berührfläche während der Stoffverdrängung erreicht; es ist das charakteristische

Merkmal des Gleitstauchens. Die Breitung, die bei der Sägenzahnumformung verlangt wird, liegt etwa in der Größe der Blattdicke, d.h. diese kann etwa verdoppelt werden; die Breitenzunahme beträgt somit für die untersuchte mittlere Sägengröße von 2 mm ebenfalls ungefähr 2 mm. Wie die Vergleichsversuche an Blechstreifen zeigen, bedingt eine solche Breitung, wenn sie ohne Drehung des Umformbolzens entstehen soll, eine so große Eindringtiefe, daß eine zu starke Schwächung des Sägenzahnes auftreten würde. Zudem würde sie nahe an die Umformgrenze durch Aufplatzen der Probe heranführen.

In folgender Zusammenstellung sind die ohne Aufplatzen der Proben erreichten Breitungen am Blechstreifen für verschiedene Umformfälle aufgeführt:

| Werkstoff (vergüteter Sägenstahl) | Blechdicke $b_o$ [mm] | größte erreichte Breitung $(b_1-b_o)$ [mm] | Eindringtiefe des Bolzens [mm] | Art der Umformung |
|---|---|---|---|---|
| 75 Ni 10 | 2 | 2 | 3,2 | Eindrücken ohne Drehung |
| 80 CrV 2 | 2 | 2 | 3,5 | " |
| 80 CrV 2 | 2 | 2,8 | 2,7 | Eindrücken mit Drehung |

Beim Gleitstauchen der Sägenzähne wird eine gewünschte Breitung in der Größenordnung von 2 mm bei gleicher Blechdicke schon bei Eindringtiefen des Umformwerkzeuges von weniger als 1 mm erreicht (s. Abb. 79). Dies sind somit nur etwa 30 % der beim Bolzeneindrücken ohne Drehung erforderlichen Werte. Ausschlaggebend für die Umformbarkeitsgrenze sind aber Breitung und Eindringtiefe, d.h. die bis zum Einreißen der Probe erreichbare Oberflächenbreitung ist umso größer, je geringer die damit verbundene Eindringtiefe des Umformbolzens ist.

Von Bedeutung für eine möglichst große Breitung ohne zu große Muldentiefe ist auch die Größe des Umformbolzens. Die Breitung nimmt bei gleicher Eindringtiefe mit Zunahme des Bolzendurchmesser ab (Abschn. 3.4).

Die große Breitung an der Zahnspitze bei der Sägenzahnumformung ist durch das zusätzliche Auspressen zwischen Umformbolzen und Gegenhalter bedingt. In diesem Bereich tritt ein starker Werkstofffluß in Richtung zur Zahnspitze auf, so daß vor allem bei ungenügender Schmierung ein Einreißen oder sogar Abreißen der Zahnspitze erfolgen kann (Abschn. 5.3).

Außer der üblichen Schmierung an der Zahnbrust muß das Schmiermittel im Zahnspitzenbereich auch am Zahnrücken aufgetragen werden. Günstig wirken sich hier die Schleifriefen auf Zahnbrust und Zahnrücken aus, die durch eine Verkleinerung der wirksamen Berührflächen das Haften an den polierten Flächen des Umformbolzens und des Gegenhalters vermindern. Eine größere Breitung wird durch das Schmieren allerdings nicht erreicht.

Über die richtige Einstellung des Bolzens zum Gegenhalter zur Erzielung einer gewünschten Zahnspitzenbreitung schreibt R. KAISER [5] in seiner Arbeit über die praktische Ausführung der Sägenzahnumformung.

### 8.22 Kaltverfestigung in der Schneidenzone und Folgerung zur Verbesserung des Umformverfahrens

Eine große Rolle für die Einsatzfähigkeit und Standzeit der kalt umgeformten Sägenzähne spielt die Kaltverfestigung in der Schneidenzone. Beim bisherigen Gleitstauchvorgang reicht die Zone der größten Härtesteigerung aber nicht bis zur Schneide, und außerdem sind die Zahnseiten und damit die Schneidenecken nur gering aufgehärtet (Abschn. 6.2). Die geringere Härte an diesen Stellen ist darauf zurückzuführen, daß Stoff, ohne verfestigt zu werden, zur Zahnspitze und zu den Zahnseiten ausweichen kann. Es wurde daher versucht, durch eine Abwandlung des Umformablaufes eine Verlagerung der größten Kaltverfestigung zur Zahnspitze zu erreichen.

Der Vorschlag zur Änderung des bisher üblichen Umformverfahrens besteht darin, die Drehung des Umformbolzens zu unterbrechen, bevor die höchste Stelle der Bolzenkurve bis zur Zahnspitze vorgedrungen ist, und eine Wälz-Stauchbewegung anzuschließen (Abb. 83). Die Drehung des Bolzens um den Mittelpunkt 1 wird in der gezeichneten Stellung angehalten. Der Bolzen bewegt sich dann mit seinem Mittelpunkt von 1 nach 2 und wälzt sich dabei an der Berührfläche ab. Die Zahnspitze wird hierdurch unter Druck gebreitet, wobei ein Gleiten nur noch durch das Ausweichen des Werkstoffes stattfindet. Der Stoff wird somit weniger stark zur Zahnspitze geschoben, und es muß eine erhöhte Kaltverfestigung in der Schneidenzone auftreten. Die Umformkraft ist bei der Bolzenbewegung von 1 nach 2 nahezu senkrecht zur Berührfläche gerichtet, da eine Ablenkung nur durch den Werkstofffluß gegeben ist.

Eine Möglichkeit zur praktischen Ausführung der Schwenkbewegung des Umformbolzens bzw. der den Bolzen tragenden Welle im Anschluß an eine anfängliche Gleitdrehung ist in der Abbildung 84a schematisch dargestellt.

Die Gleitdrehung des Bolzens wird durch eine Drehbewegung des Zahnradsegmentes Zs in Pfeilrichtung erreicht und die anschließende Wälzdrehung durch eine Schwenkung der gesamten Bolzenwelle über einen Schwenkarm S um den Drehpunkt des Zahnradsegmentes. Dieses ist hierbei blockiert, so daß die Bolzenwelle über ein Zahnrad Z am Zahnradsegment abrollt. Die Bolzenwelle ist im Schwenkarm gelagert.

Die Bewegungsfolge kann zum Beispiel, wie in der Zeichnung angedeutet, über zwei Hydraulikzylinder erfolgen. In der Beaufschlagung 1 wird der Kolben B der Schwenkbewegung gegen einen Anschlag gehalten, während der Kolben A die Gleitdrehung über eine Zahnstange und ein Ritzel bestätigt. In der Stellung 2 wird der Kolben A festgehalten und der Kolben B übernimmt die Übertragung der Wälzbewegung der Bolzenwelle über einen Gelenkarm. Die Beaufschlagung 3 führt Zahnradsegment und Bolzenwelle in die Ausgangsstellung zurück.

Im Versuch wurde die abgewandelte Zahnspitzenumformung, zum Nachweis der erreichbaren Härteverteilung, durch eine Hubbewegung des Bolzens vereinfacht an einem einzelnen Zahn (Werkstoff 75Ni10) in einer besonderen Vorrichtung vorgenommen (Abb. 84b). Die Umformkraft wurde über ein Druckstück auf den Umformbolzen übertragen. Die Umformung wurde unter der für die Vergleichsversuche mit Bolzeneindrücken eingesetzten Druckvorrichtung (s. Abb. 16) durchgeführt, und zwar bis zur gewünschten Oberflächenbreitung der Zahnspitze. Die Kaltverfestigung nach der Umformung im Längsschnitt durch den Sägenzahn ist in der Abbildung 85 wiedergegeben. Wie erwartet, zeigt die Härteverteilung nunmehr die größte Aufhärtung im Bereich der Schneidenzone. Ein Vergleich zum Zahn 1 der Abbildung 69 (ebenfalls Werkstoff 75Ni10) macht die Verlagerung der höchsten Härtewerte zur Zahnspitze deutlich. In beiden Fällen liegt etwa der gleiche Härtebereich vor, mit einer Ausgangshärte von 39 bis 40 HRC und einer Härtesteigerung um rund 10 HRC-Einheiten.

Die vorgeschlagene Umformabwandlung hat aber außer der im Versuch festgestellten Verbesserung der Härteverteilung noch einen weiteren Vorteil:

Durch die stark herabgesetzte Stoffbewegung zur Zahnspitze im letzten Umformabschnitt ist die Anfälligkeit zum Einreißen der Zahnseiten im Bereich der größten Oberflächenbreitung geringer.

Die zusammengesetzte Gleit-Wälz-Umformung hat also in zweifacher Hinsicht ein günstiges Ergebnis, so daß auf jeden Fall eine Verbesserung der Standzeit und der Einsatzfähigkeit der kaltumgeformten Sägenzähne zu erwarten ist.

### 8.23 Seitliche Bearbeitung nach dem Gleitstauchen

Eine seitliche Bearbeitung nach dem Gleitstauchen ist zur Erzeugung einer über die ganze Säge gleichen Zahnbreite und zur Erzielung einer freischneidenden Zahnform erforderlich. Das vielfach angewandte seitliche Flachpressen gleicht aber die Unregelmäßigkeiten durch unterschiedliche oder unsymmetrische Breitungen nicht aus, womit der Satz von KIENZLE zum Tragen kommt:

"Nach dem Kaltumformen von Körpern schwankender Dicke (hier Breite) verbleibt ein Rest der vorher vorhandenen Maßschwankungen."

Da außerdem auch bei der zusätzlichen seitlichen Kaltumformung keine genügende Aufhärtung der Zahnseiten erfolgt (Abschn. 6.22), ist ein seitliches Schleifen, das einmal die nicht oder nur schwach aufgehärteten Seitenzonen zum Teil entfernt und zum andern eine genau gleiche Breite der Zähne ergibt, bei geeigneter Durchführung dem seitlichen Flachpressen überlegen.

Hierbei ist aber zu beachten, daß folgende Nachteile auftreten:

a) ungenügendes Freischneiden bei Einsatz von Topfschleifscheiben parallel zur Blattebene,

b) starkes Vorstehen der verschleißanfälligen Schneidenecken, schnelles Abnehmen der Zahnbreite beim Nachschleifen und komplizierte Schleifeinrichtung bei Einsatz von zur Blattebene schräggestellten Umfangschleifscheiben.

Diese Nachteile können gemindert werden, wenn unter Inkaufnahme eines zusätzlichen Arbeitsganges eine im Abschnitt 1.3 vorgeschlagene Kombination von Schleifen und Kaltumformung angewendet wird. Vor allem ist ein Abschleifen der wenig aufgehärteten Zahnseiten mit einem folgenden geringen Keiligpressen günstig.

Es sind Fälle aus der Praxis bekannt, wo man das seitliche Flachpressen wieder verlassen hat, da durch das Schleifen der Zahnseiten eine Erhöhung der Standzeit festgestellt wurde, die durch das erwähnte Abschleifen der am wenigsten kaltverfestigten Seitenzonen zu erklären ist. Ein Erhalten der seitlich nicht begrenzten Umformmulde nach dem Gleitstauchen ohne ein Aufwerfen der Zahnseiten durch seitliches Flachpressen ist zudem für den Spanabfluß vorteilhaft.

## 9. Zusammenfassung

Der als Gleitstauchen bezeichnete Umformvorgang am Sägenzahn bewirkt im Gegensatz zum Schränken ein gleichzeitiges Breiten eines jeden Zahnes nach beiden Seiten, was zu günstigen Schnittbedingungen führt. Die gesamte erforderliche Formgebung des Sägenzahnes umfaßt außer dem Gleitstauchen ein anschließendes seitliches Flachpressen oder Schleifen der zum Teil ungleichmäßig gebreiteten Zahnseiten.

Für den vergüteten Sägenstahl mußte eine Kaltfließkurve durch Zugversuche an kaltausgewalzten Blechstreifen aufgestellt werden, um einen Einblick in die Kaltverfestigung bei der Umformung zu erhalten. Erstmalig wurde die Härte der Zugproben bei den verschiedenen logarithmischen Hauptformänderungen mit den Fließgrenzen in der Fließkurve in Beziehung gesetzt. Dies ergibt die Möglichkeit, aus den Härtewerten am Sägenzahn auf den Umformgrad zu schließen.

Eine grundsätzliche Betrachtung der örtlich begrenzten Umformung des vergüteten Stahles wurde an Hand von Vergleichsversuchen mit Eindrücken eines Bolzens in aufrecht gestellte Blechstreifen mit und ohne Bolzendrehung während der Umformung durchgeführt. Zum Vergleich wurden Proben aus weichgeglühtem Stahl und Aluminium herangezogen. Neben einer Gegenüberstellung des verdrängten Volumens, der Breitung und der Eindringtiefe des Umformbolzens wurden ein Form- und ein Steifheitsfaktor für die seitliche Aufwölbung eingeführt. Aus einer Bestimmung örtlicher Werte der logarithmischen Formänderungen in den verschiedenen Umformrichtungen an einer innen markierten hartgelöteten Sägenblech-Probe und auf einer durch Eindrücke eines Härtemeß-Diamanten gekennzeichneten Umformoberfläche konnte ein angenäherter, leicht zu berechnender Umformgrad $\varphi_b' = \ln b_1/b_0$ abgeleitet werden.

Eine Gegenüberstellung der Beziehung zwischen einem Formänderungswiderstand und dem Umformgrad läßt für verschiedene Stähle Umformbarkeitsunterschiede deutlicher erkennen als die Kaltfließkurven. Hierbei ist eine Verfälschung der $k_w$-Werte durch Einsetzen einer ungleichmäßig kaltverfestigten Druckfläche zu beachten.

Modellversuche mit vergrößerten Abmessungen haben nur bei Aluminium, das sich bei den Eindrückversuchen schon als dem vergüteten Stahl sehr ähnlich erwiesen hat, zum Erfolg geführt. Thermoplastische Kunststoffe und auch Wachs weisen ein anderes Verhalten für die seitliche Aufwölbung aus, so daß teils gar keine, teils eine zu starke Breitung an der Oberfläche auftritt.

Eine Betrachtung der Sägenzähne im Original erfolgte zunächst geometrisch. Seitliche Liniennetz-Markierungen und Schleifriefen an Zahnbrust und Zahnrücken machen den Umformungsablauf sichtbar. Der Einsatz eines Schmiermittels wirkt sich vor allem in einer Minderung des Einreißens der Zahnseiten und der sogenannten Stauchfahne an der Zahnspitze aus.

Das feinkörnige Vergütungsgefüge läßt eine Gefügeänderung durch die Kaltumformung kaum erkennen. Hier ist die Bestimmung der Härteverteilung in Längs- und Querschnitten nach dem Gleitstauchen und dem seitlichen Flachpressen aufschlußreich. Es zeigt sich, daß die größte Härtesteigerung zwar an der Zahnbrust, aber unterhalb der eigentlichen Schneidenzone auftritt. Zudem sind die Zahnseiten ungenügend aufgehärtet. Dies bleibt auch nach dem seitlichen Flachpressen. Eine Restformbetrachtung beim Nachschleifen der Zähne bis zu einer neuen erforderlichen Breitung wurde zur besseren Veranschaulichung in einer in dieser Arbeit eingeführten Schnittdarstellung vorgenommen.

Die Umformkräfte sind beim Gleitstauchen durch Form und Bewegung des Umformwerkzeuges zur Zahnspitze abgelenkt und erzeugen somit hier die erwünschte große Breitung. Aus den zur Bolzendrehung erforderlichen Drehmomenten ist durch Bestimmung der Reibwerte eine näherungsweise Ermittlung der Tangential- und Radialkräfte und auch der Formänderungswiderstände möglich.

Die Durcharbeitung des Problems führte zu einer Abwandlung des Umformverfahrens, durch die eine höhere Kaltverfestigung und eine günstigere Stoffverschiebung an der Zahnspitze erreicht wurde.

Für die seitliche Bearbeitung der Sägenzähne ist das alleinige Flachpressen zu ungenau. Es wird eine Kombination aus seitlichem Schleifen und leichtem Keiligpressen vorgeschlagen.

Die Arbeit hat folgende wissenschaftliche Ergebnisse:

1. Hinsichtlich des Sägenzahnes

Der Umformvorgang ist soweit durchleuchtet, daß seine Grenzen und Entwicklungsmöglichkeiten erkannt sind.

2. Hinsichtlich der Umformtechnik

Der betrachtete Fall erweist sich als ein Verfahren eigener Art, das den Namen "Gleitstauchen" erhalten hat. Die gewonnenen Erkenntnisse können auf andere Gleitstauchvorgänge, wo immer sie auftauchen, übertragen werden.

3. Hinsichtlich der Ermittlungsmethode

Der Verfestigungskurve $k_f = f(\varphi)$ wurde eine Verfestigungskurve $HV = f(\varphi)$ zugeordnet, so daß aus ermittelten HV-Werten auf den Umformgrad $\varphi$ geschlossen werden kann.

Umformbarkeitsunterschiede der Werkstoffe lassen sich durch verfahrensbedingte $k_w$-Werte deutlicher erkennen als durch die werkstoffabhängigen Formänderungsfestigkeiten.

Die Grenzen der Umformzone können an Hand von Liniennetzen genauer bestimmt werden als aus Härteindrücken.

Dr.-Ing. Siegfried Stendorf

## Literaturverzeichnis

[1] BARZ, E. — Arbeitsverhalten scheibenförmiger Werkzeuge, insbesondere von Kreissägeblättern für Holz.
(Drucklegung vorbereitet)

[2] BARZ, E. und A. BERGER — Holzbearbeitungswerkzeuge.
Mitteilungen der Deutschen Gesellschaft für Holzforschung, Heft Nr. 45 (1960)
Beuth-Vertrieb GmbH., Berlin und Köln

[3] BARZ, E. und A. BERGER — Schnittversuche an verleimten Holzwerkstoffen.
(Drucklegung vorbereitet)

[4] BILLIGMANN, J. — Stauchen und Pressen.
Handbuch für die bildsame Kalt- und Warmformgebung, München, Carl-Hanser-Verlag 1953

[5] KAISER, R. — Das Stauchen und Egalisieren von Sägen.
Holz-Zentralblatt 84 (1958) Nr. 119, 120, 128 und 129

[6] KEMPE, H. — Die Technologie des gestauchten Sägezahnes.
Die Holzindustrie (1956) H. 9, S. 241/243

[7] KIVIMAA, E. — Neues Stauchverfahren für die Zähne der Sägeblätter.
Forschungsbericht der Staatlichen Technischen Forschungsanstalt Helsinki, Finnland, 1959

[8] NADAI, A. — Der bildsame Zustand der Werkstoffe.
Berlin, Springer-Verlag 1927

[9] OEHLER, G. — Das Blech und seine Prüfung.
Berlin, Springer-Verlag 1953

[10] PRAGER, W. und Ph.G. HODGE — Theorie ideal plastischer Körper. Wien, Springer-Verlag 1954

[11] SACHS, G. — Spanlose Formung der Metalle. Handbuch der Metallphysik, Band III, 1. Teil, Leipzig, Akad. Verlags-Ges. 1937

[12] SIEBEL, E. — Die Formgebung im bildsamen Zustande. Düsseldorf, Stahl- und Eisen-Verlag 1932

[13] SIEBEL, E. — Die Prüfung der metallischen Werkstoffe. Handbuch der Werkstoffprüfung, Band II, Berlin, Springer-Verlag 1955

[14] SIEBEL, E. — Die Bedeutung der Fließkurve bei der Kaltformgebung. VDI-Zeitschrift 98 (1956) Nr.4, S.133/134

[15] SKRABAL, E. — Entwicklung der spanlosen Formung und der Erzeugung von Umformmaschinen. Die Schwerindustrie der Tschechoslowakei (1959) H. 9, S. 45/48

[16] THUNELL, B. — Fortschritte bei der Zerspanungsforschung bei Holz. Holz als Roh- und Werkstoff 9 (1951) H. 1, S. 11/20

[17] VDI-Arbeitsblätter 5-3200 — Fließkurven metallischer Werkstoffe. ADB - AWF (Oktober 1954)

[18] WÜSTER, E. — Die Herstellung der Sägeblätter für Holz. Wien, Springer-Verlag 1952

# Anhang

Abbildungen

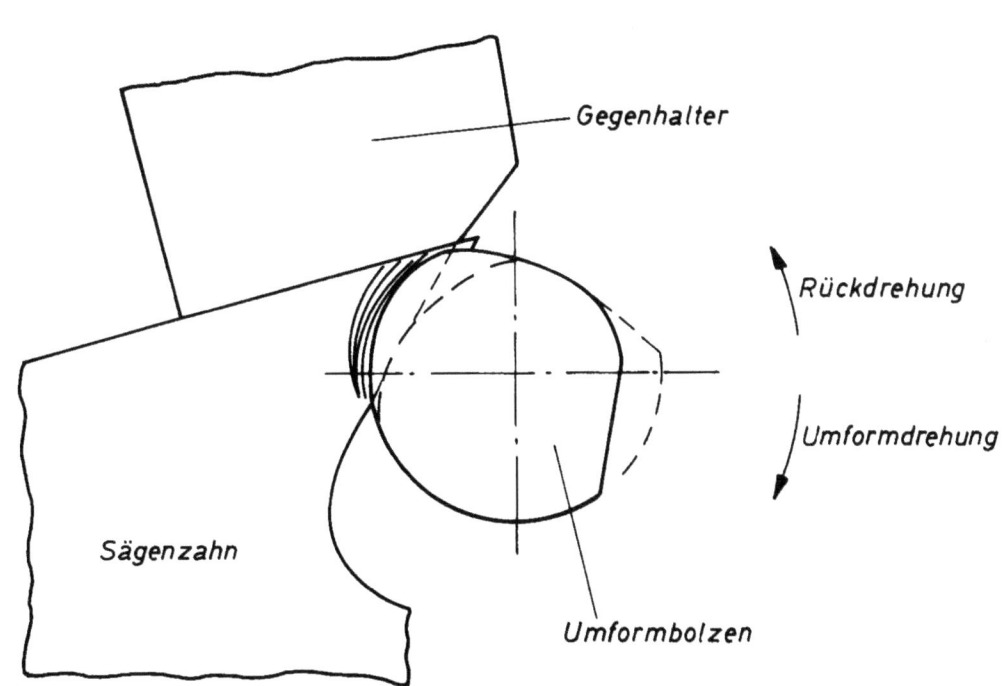

**A b b i l d u n g  1**

Gegenüberstellung der Spanformen bei geschränkten
und 'gestauchten' Sägen unter verschiedenen Schnittbedingungen

(z = Zähnezahl
v = Schnittgeschwindigkeit in m/sec
s = Vorschub in m/min)

**A b b i l d u n g  2**

Zusammenwirken von Sägenzahn, Umformbolzen und
Gegenhalter beim Gleitstauchen

**Abbildung 3**
Handgerät zum Gleitstauchen von Sägenzähnen
(Werkfoto Vollmerwerke Biberach/Riß)

1 = Klemmhebel
2 = Umformhebel
3 = Umformbolzen
4 = Einstellung des Gegenhalters
5 = Begrenzung der Umformdrehung
6 = Abstützung

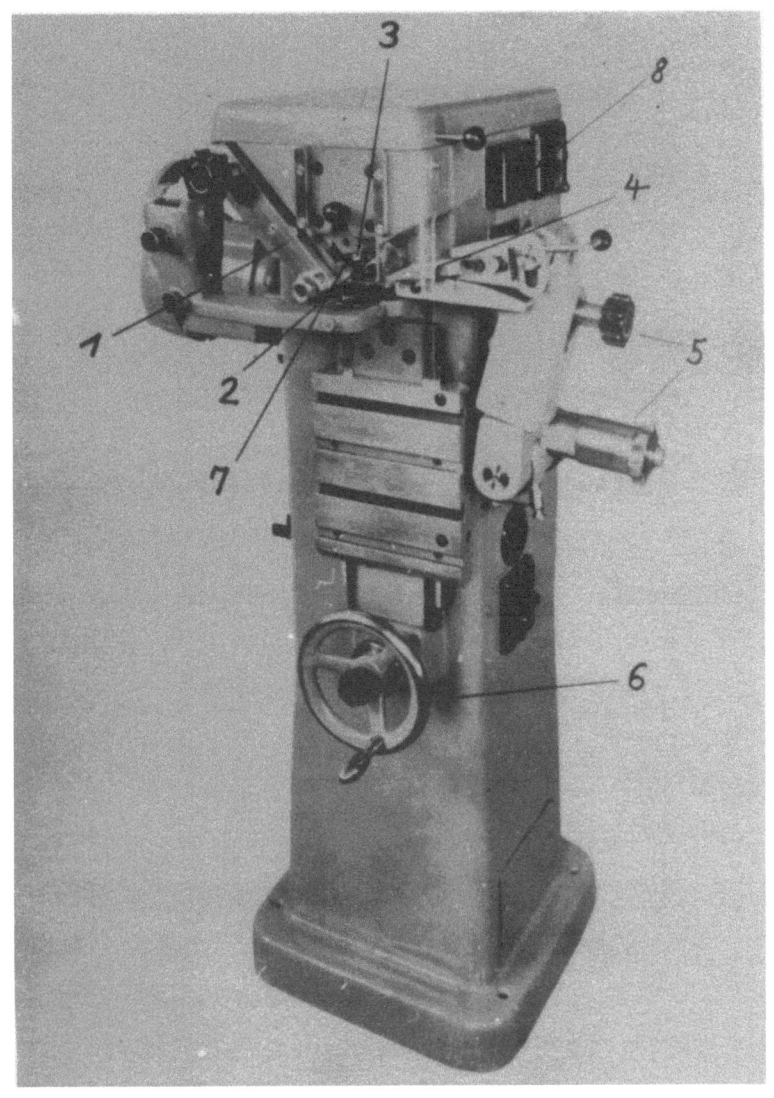

Abbildung 4

Selbsttätige Maschine zum Gleitstauchen von Sägenzähnen
(Werkfoto Vollmerwerke Biberach/Riß)

1 = Klemmung   2 = Umformbolzen
3 = Gegenhalter   4 = Vorschubhebel
5 = Einstellung der Vorschubbewegung
6 = Höhenverstellung der Säge
7 = Preßbacken zur seitlichen Formgebung
8 = Tippschalter (vor- und rückwärts)
    zum Einrichten

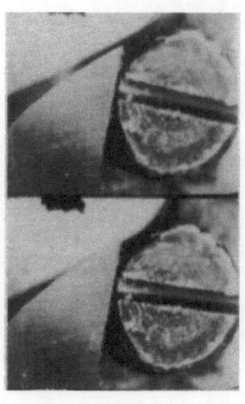 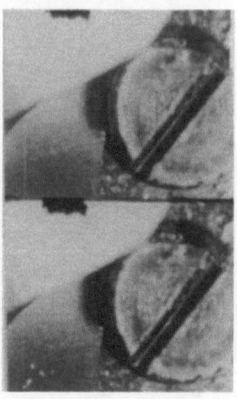 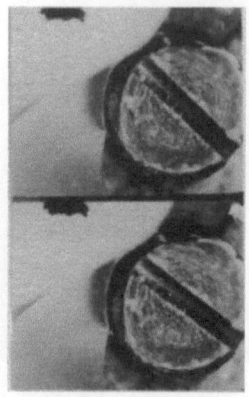 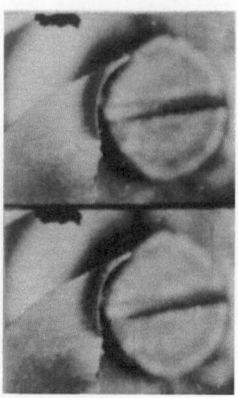

Ausgangs-stellung   Gleit-stauchen   Bolzen dreht zurück   Zahn freigegeben

Abbildung 5
Filmaufnahmen des Umformablaufes beim Gleitstauchen

Abbildung 8
Nach dem Prinzip von E. KIVIMAA umgeformte Sägenzähne

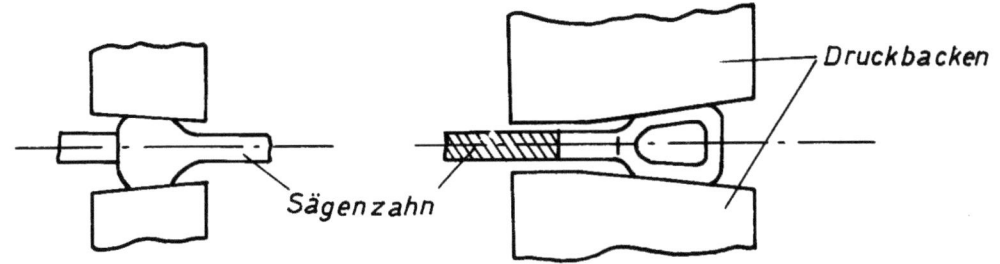

Abbildung 6

Seitliches Flachpressen eines Sägenzahnes nach dem Gleitstauchen
(schematisch)

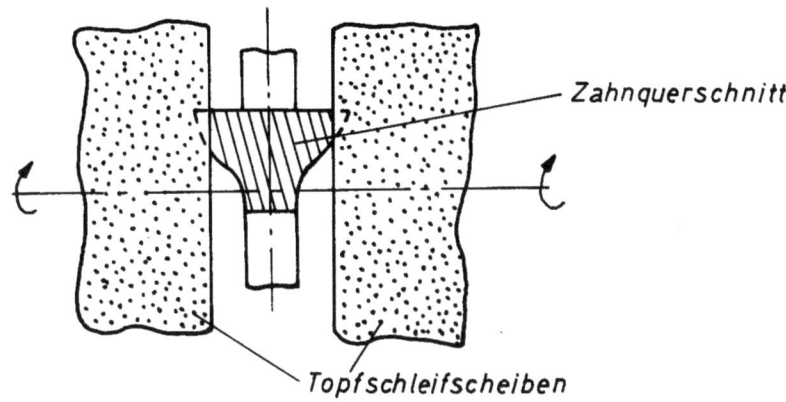

Abbildung 7a

Seitliches Schleifegalisieren mit Topfschleifscheiben
parallel zur Blattebene (schematisch)

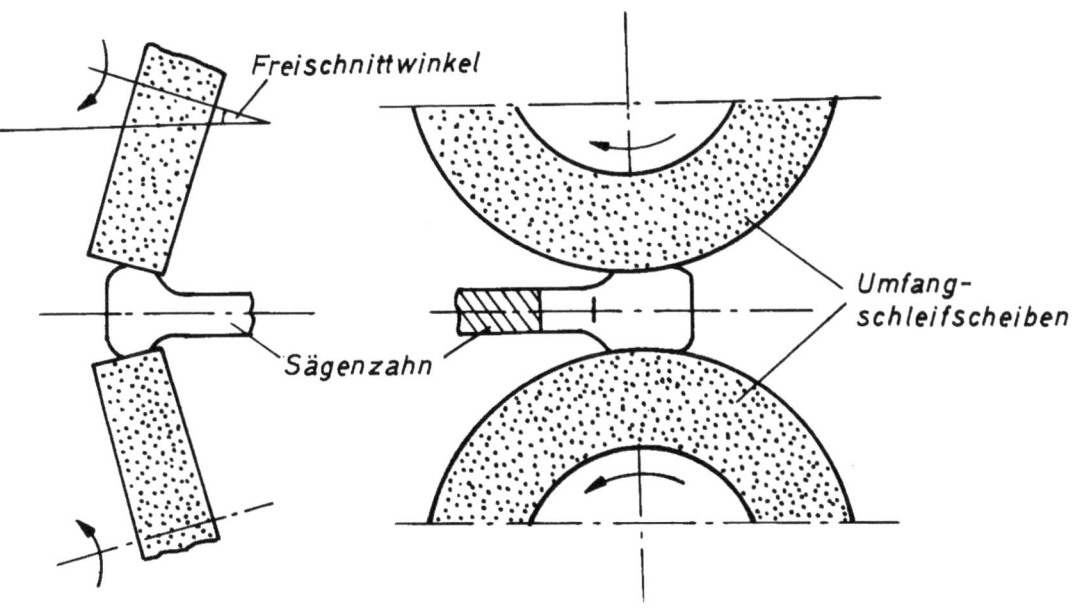

Abbildung 7b

Seitliches Schleifegalisieren mit schräggestellten
Umfangschleifscheiben (schematisch)

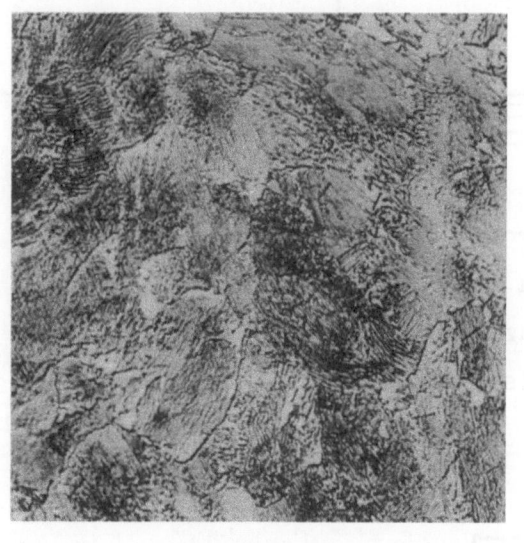
75 Ni 10

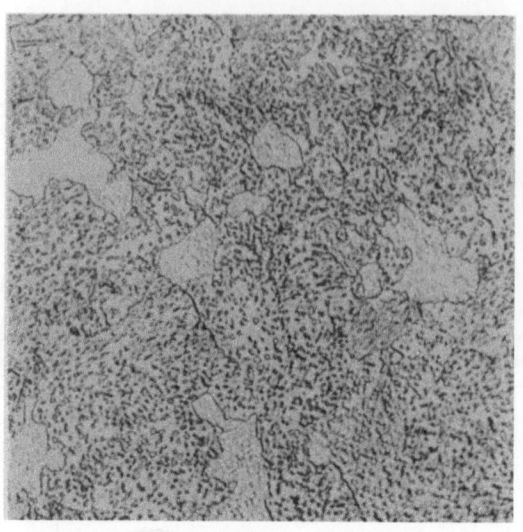
80 CrV 2

C 85 WS

70 WMo

Abbildung 9a
Walzgefüge der untersuchten Sägestähle
Ätzung mit 3 %iger alkoholischer Salpetersäure
(Vergr. 500:1)

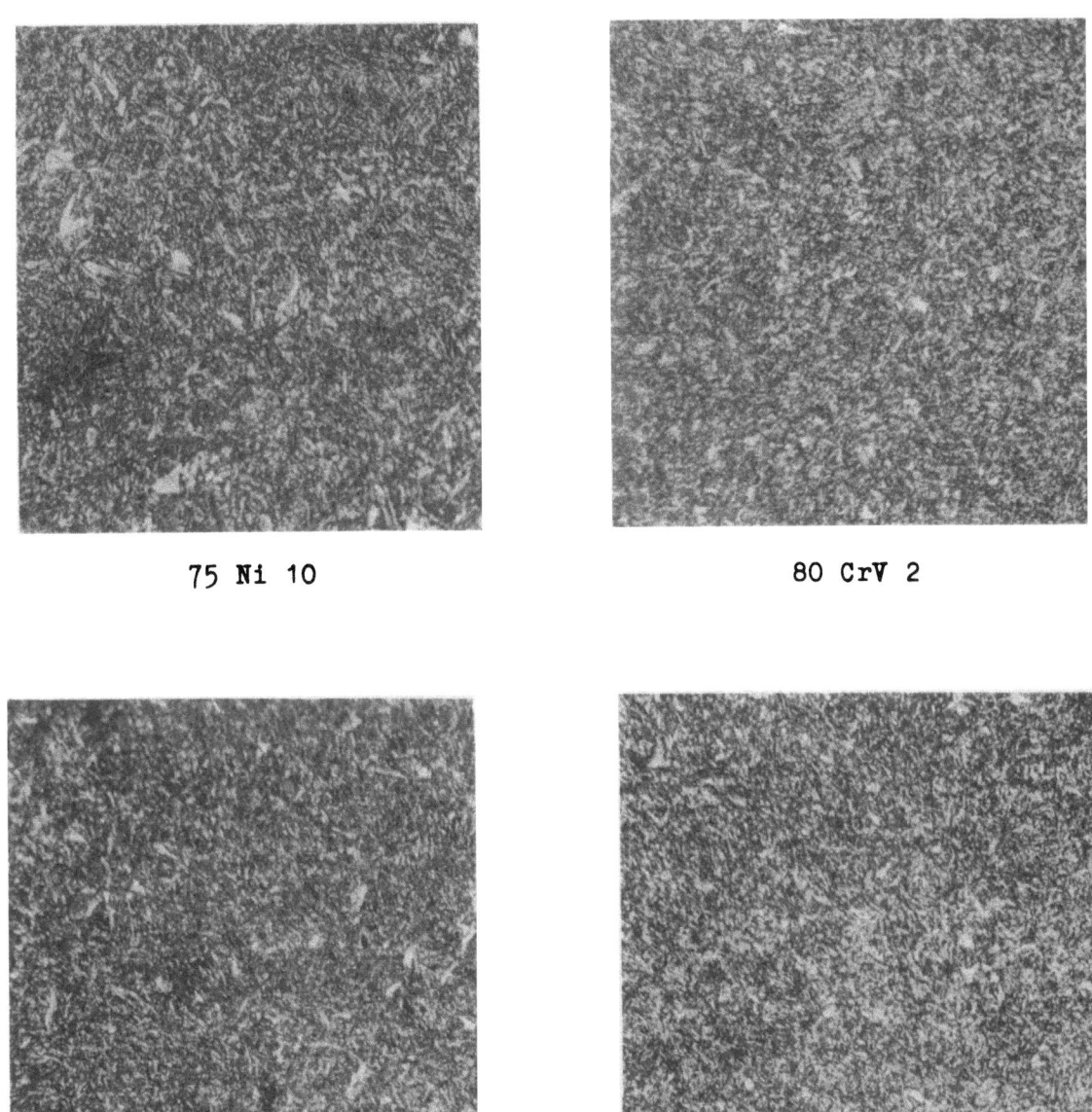

Abbildung 9b
Vergütungsgefüge der untersuchten Sägestähle
Ätzung mit 3 %iger alkoholischer Salpetersäure
(Vergr. 500:1)

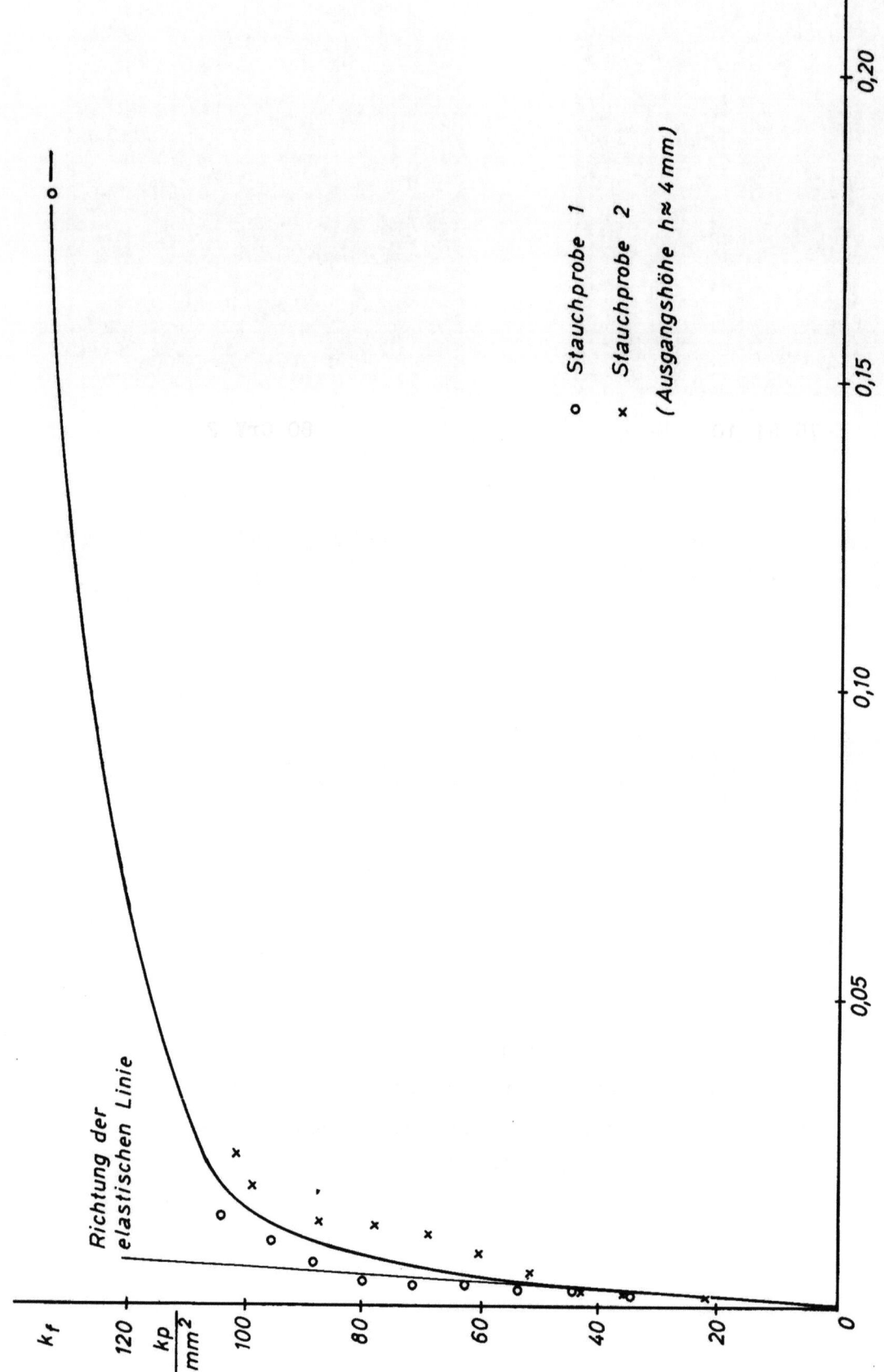

Angenäherte Kaltfließkurve durch Ermittlung im Druckversuch an quaderförmigen Proben mit (2x3) mm² Rechteckquerschnitt aus vergütetem Sägenstahl 75Ni10

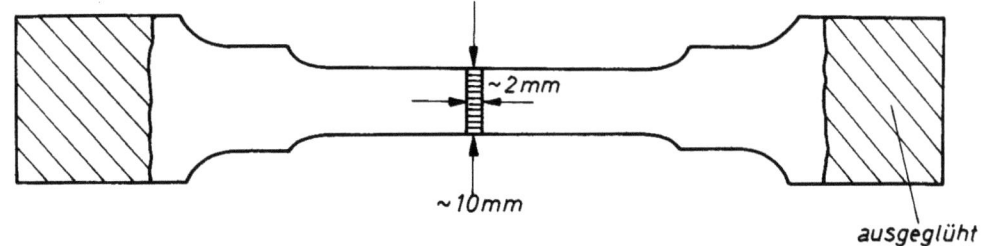

**A b b i l d u n g   11**

Probenform für die Zugversuche zur Kaltfließkurvenbestimmung

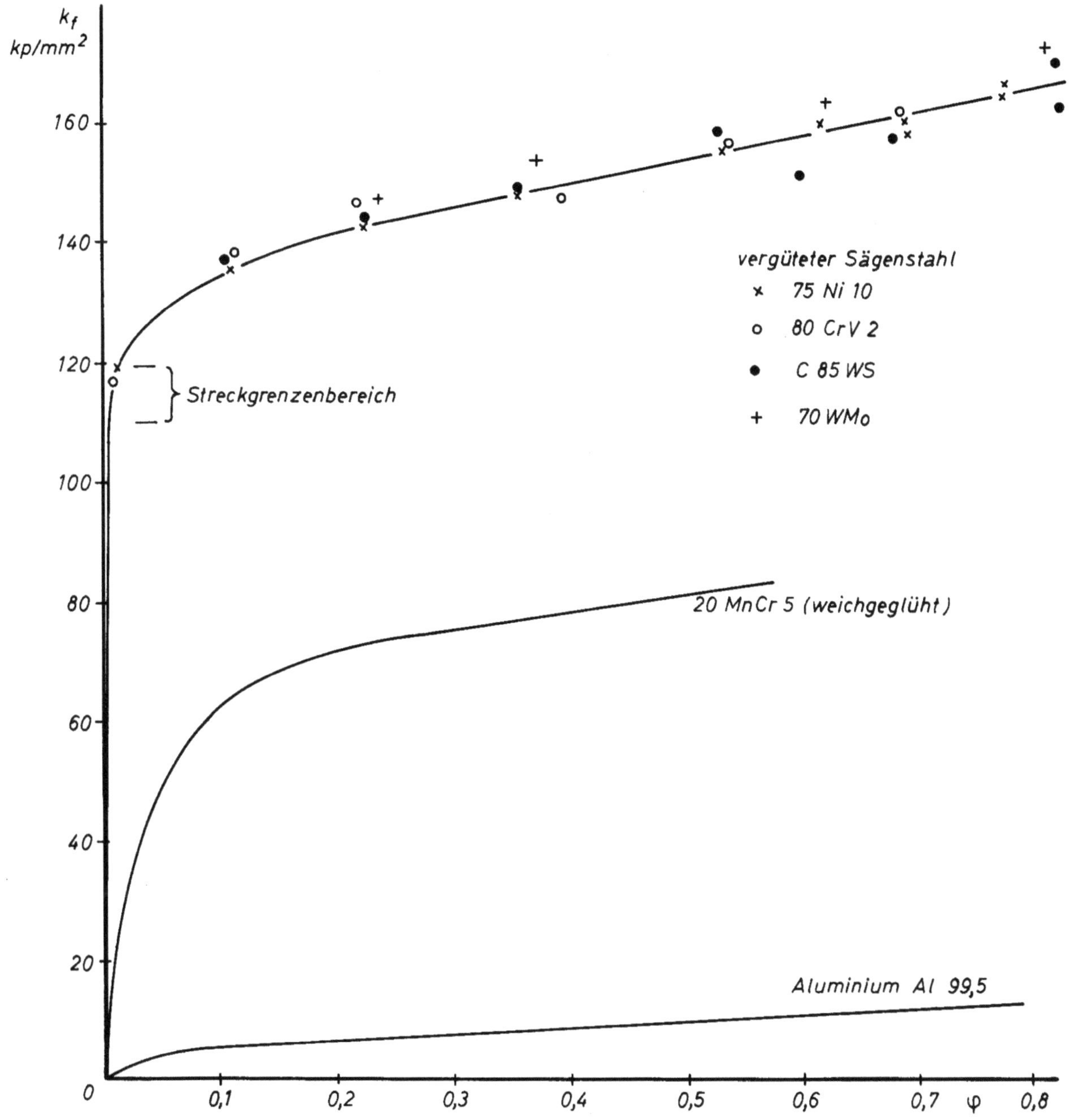

**A b b i l d u n g   12**

Kaltfließkurve für vergüteten Sägenstahl im Zugversuch ermittelt und zum Vergleich für weichgeglühten Stahl 20 MnCr 5 und für Aluminium

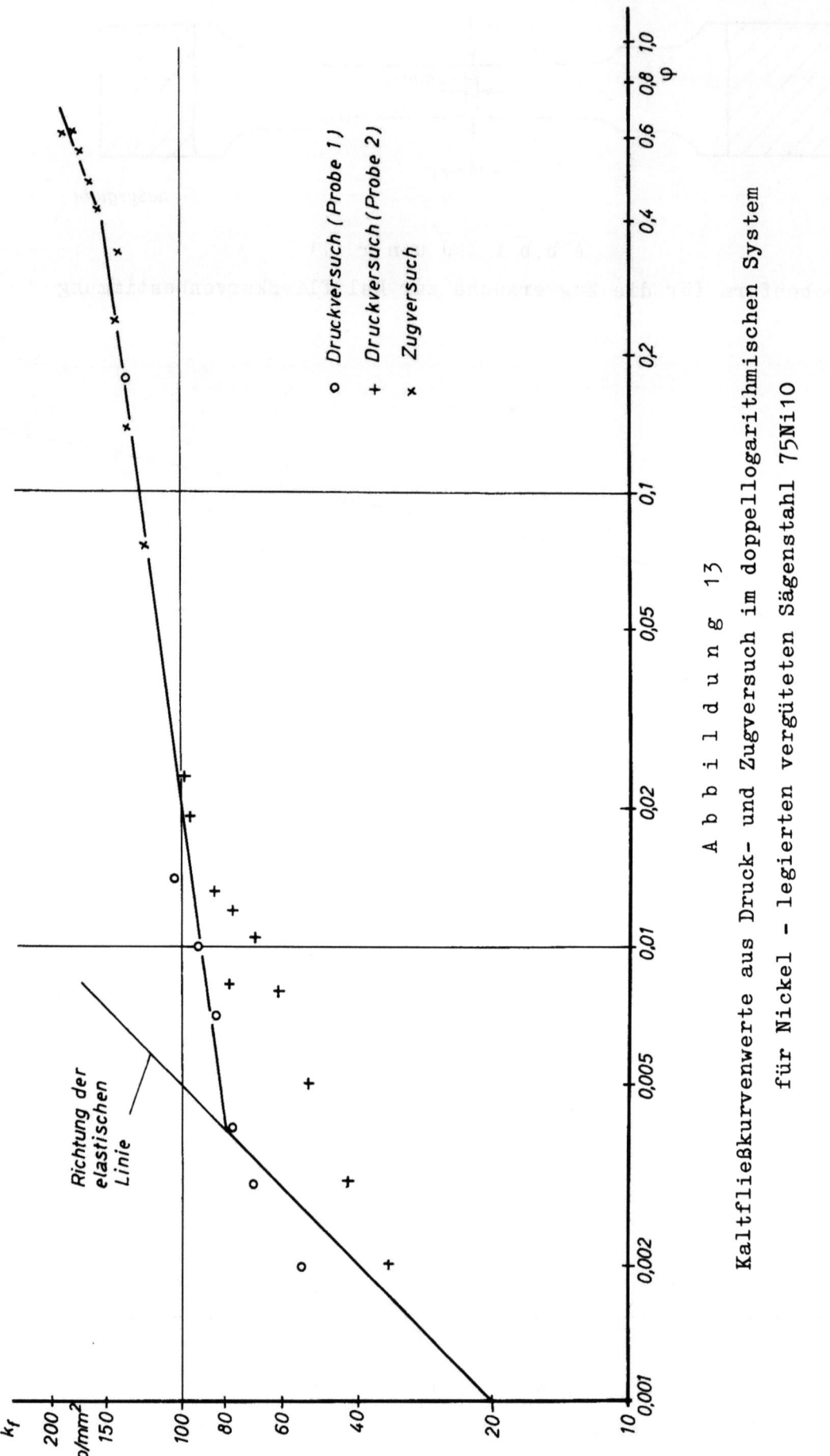

Abbildung 13

Kaltfließkurvenwerte aus Druck- und Zugversuch im doppellogarithmischen System für Nickel - legierten vergüteten Sägenstahl 75Ni10

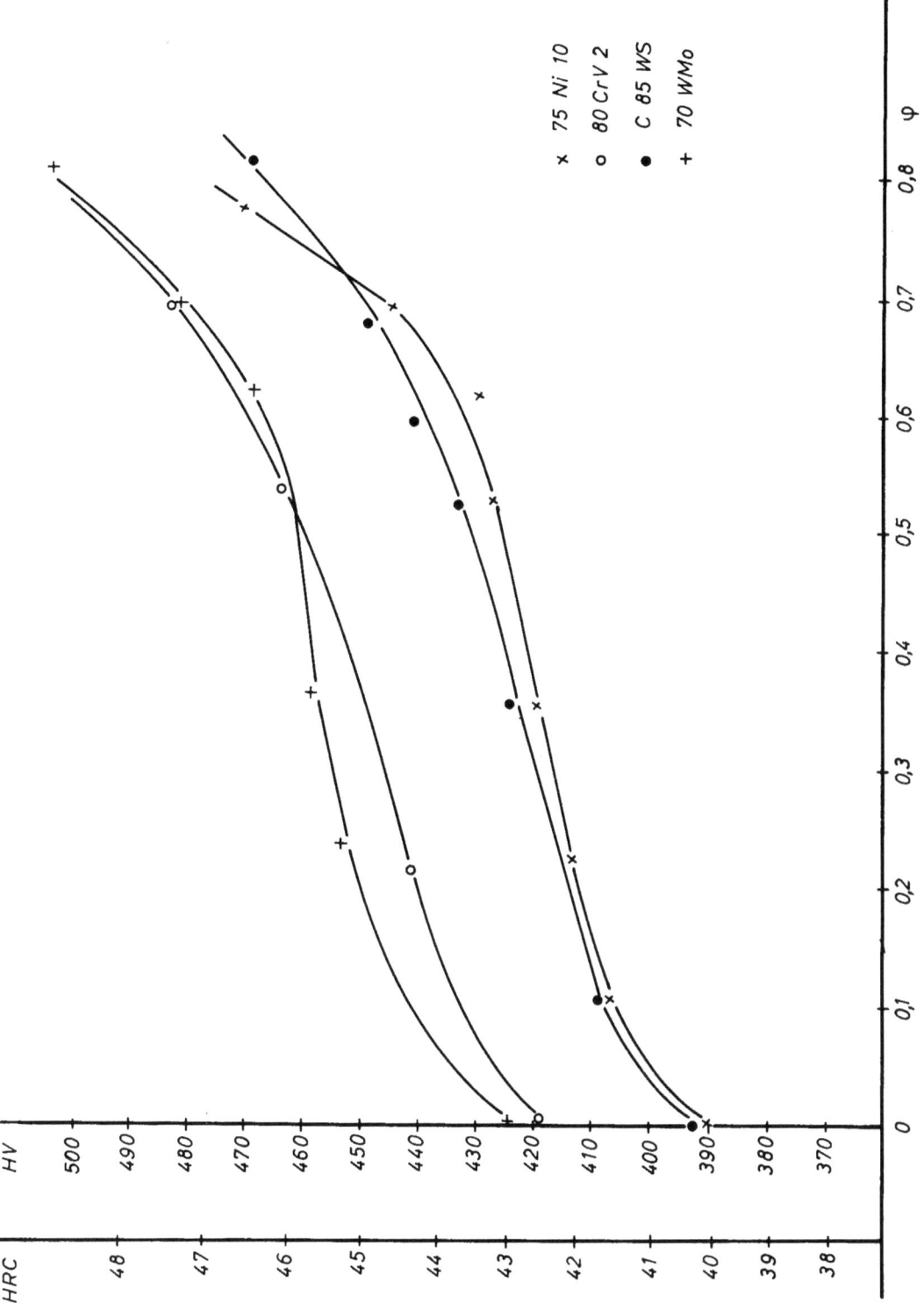

A b b i l d u n g  14

Zusammenhang zwischen der Härte in Rockwell-C- und Vickers-Einheiten und der logarithmischen Hauptformänderung der kaltgewalzten Zugproben aus vergütetem Sägenstahl

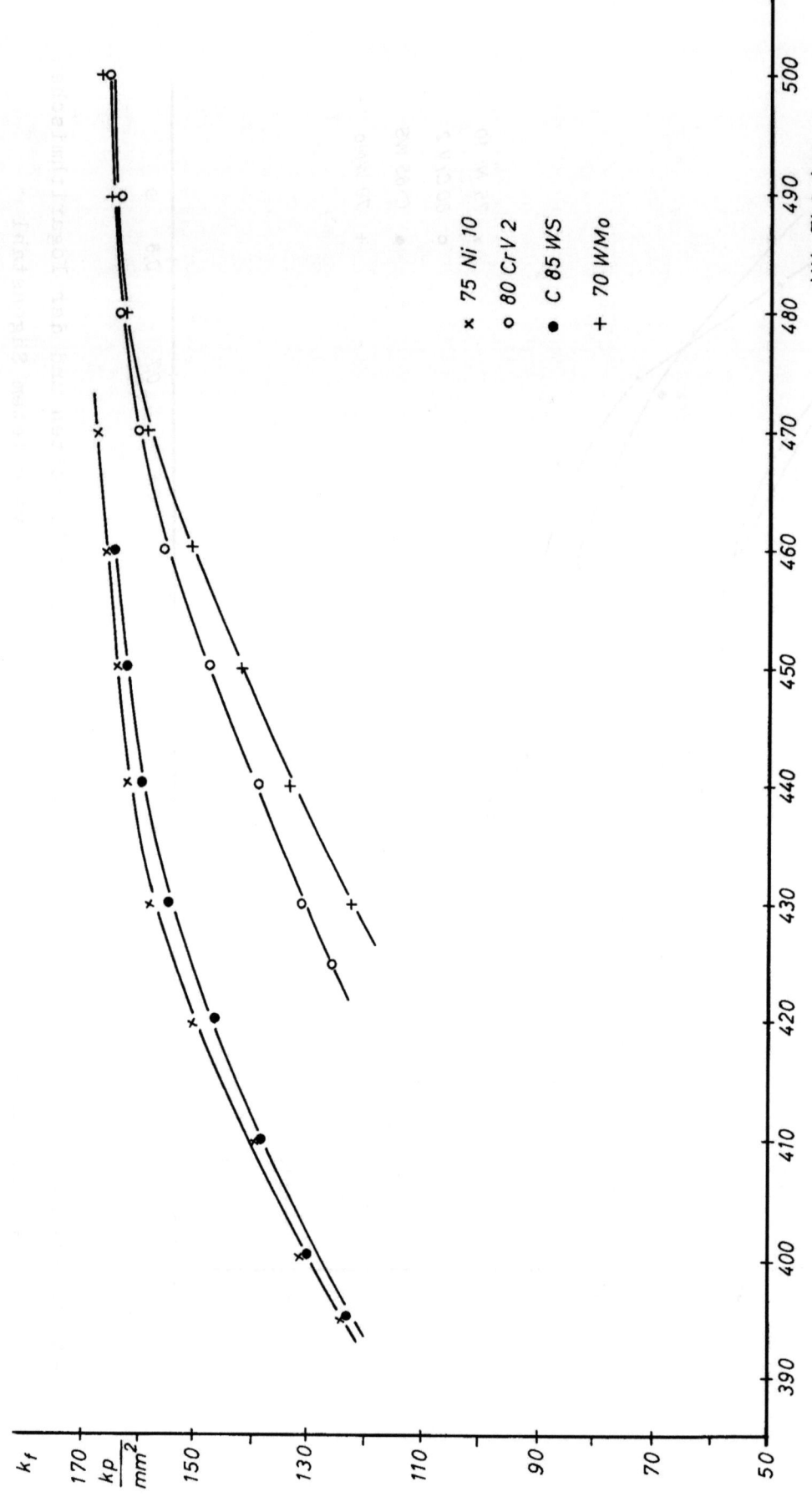

Abbildung 15

Beziehung zwischen Formänderungsfestigkeit und Vickers-Härte für die untersuchten vergüteten Sägenstähle

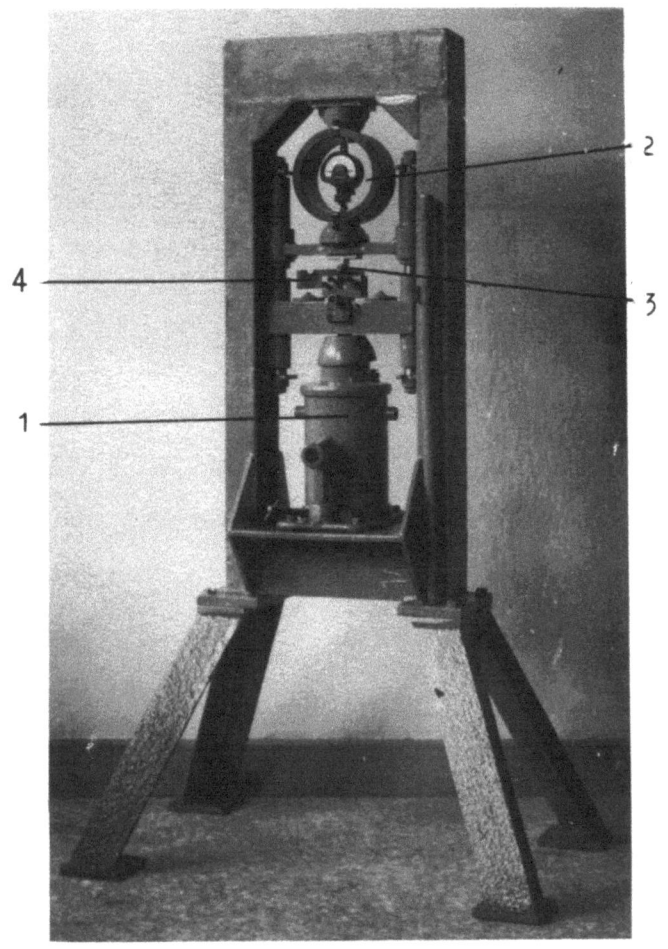

Abbildung 16

Hydraulische Druckvorrichtung zum Eindrücken von
Bolzen in Blechstreifen

Höchstbelastbarkeit 8 Mp

1 = Hydraulikzylinder

2 = Kraftmeßring mit Meßuhr

3 = Umformbolzen

4 = Probenstreifen mit
    Bolzeneindrücken

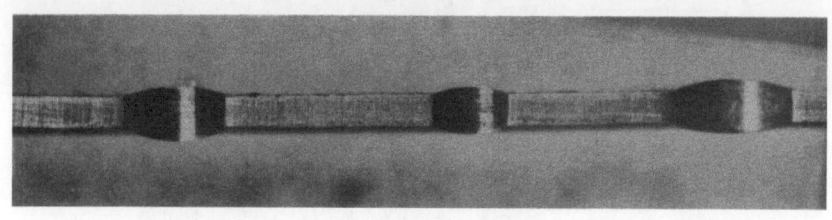

vergüteter Sägenstahl 80 CrV 2

         3 Mp      2 Mp     4 Mp

Bolzen    gedreht    nicht gedreht

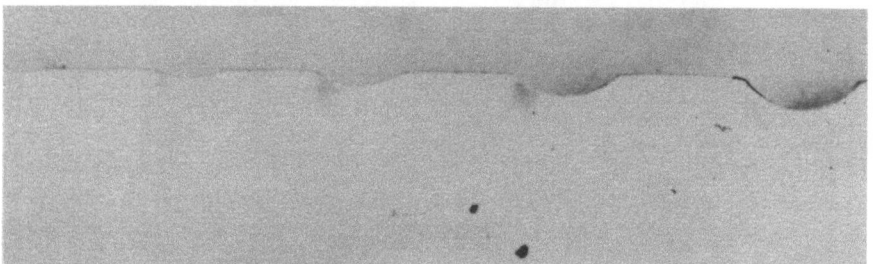
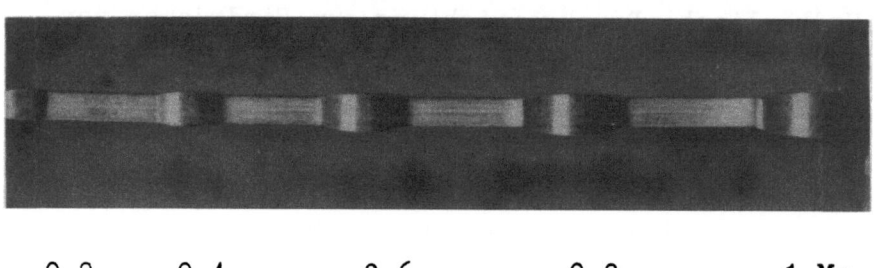

Aluminium

0,2   0,4   0,6   0,8   1 Mp

Bolzen nicht gedreht

Abbildung 17

Probenstreifen aus vergütetem Sägenstahl und Aluminium
mit Bolzeneindrücken bei unterschiedlicher Belastung
(Blechdicke 2 mm, Bolzendurchmesser 10 mm)

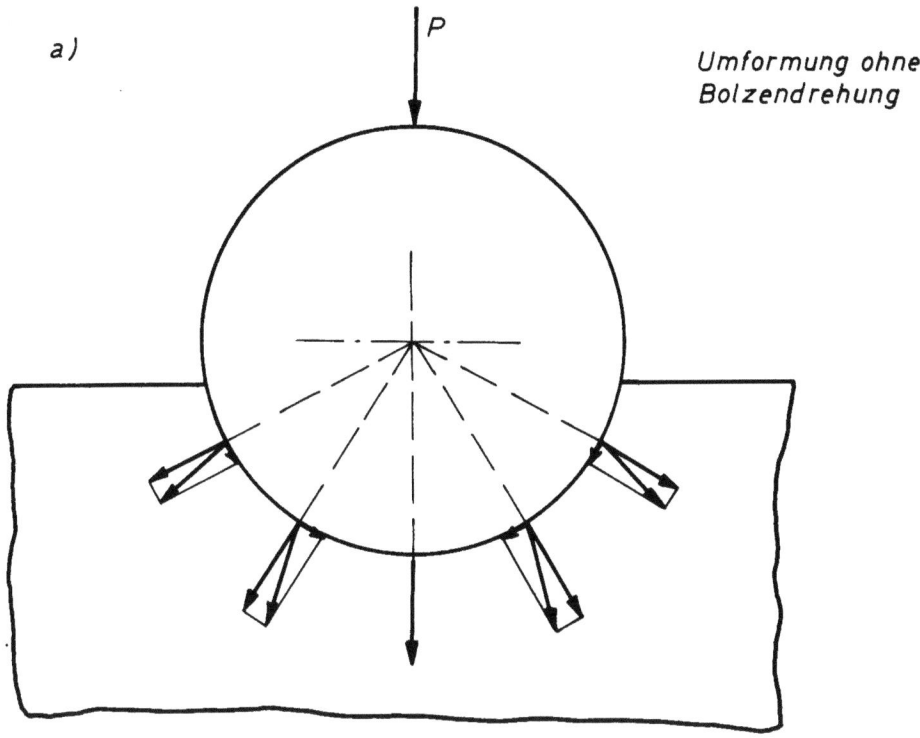

*a)* Umformung ohne Bolzendrehung

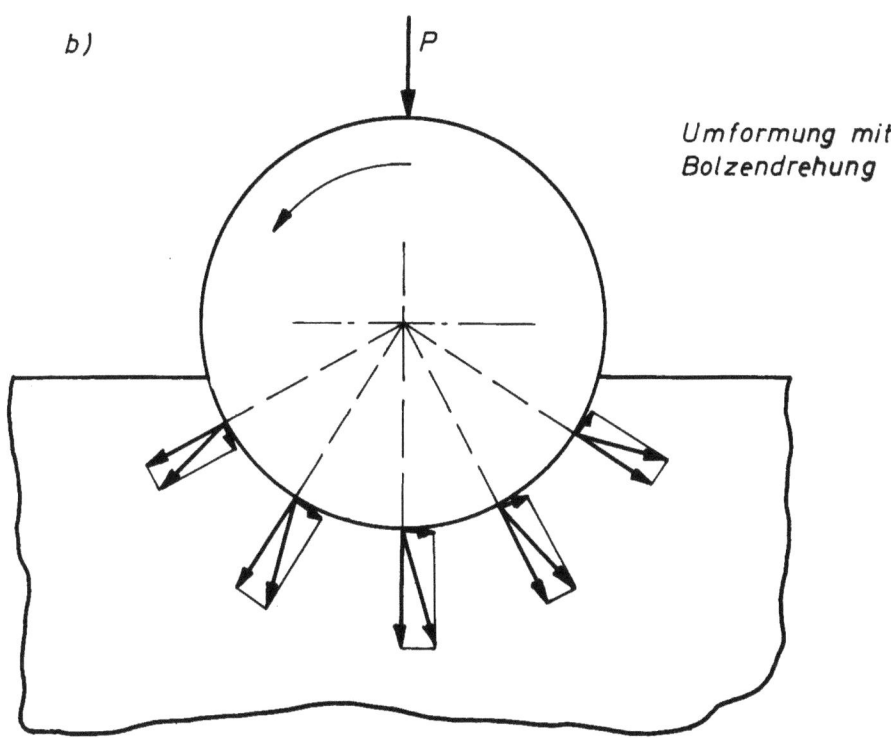

*b)* Umformung mit Bolzendrehung

A b b i l d u n g  18

Schematische Darstellung der Kräfte beim Eindrücken
eines Bolzens in Blechstreifen mit und ohne Drehung
des Bolzens während der Umformung

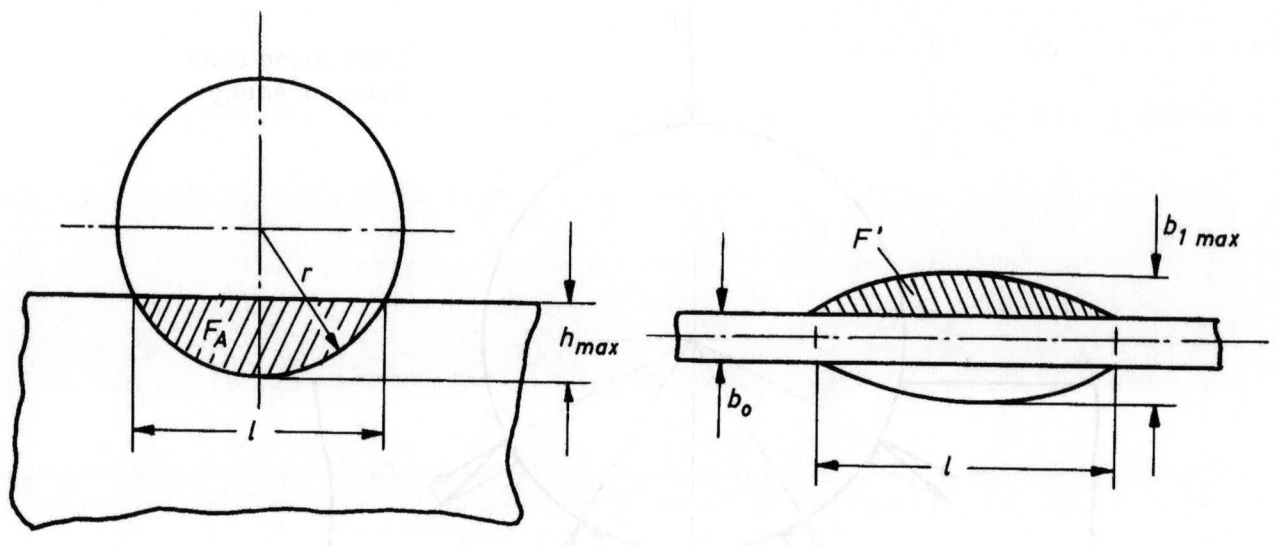

r = Halbmesser des Umformbolzens

$h_{max}$ = größte Eindringtiefe

l = Sehnenlänge des Eindruckes
(tabellarisch durch r und $h_{max}$ zu ermitteln)

$b_o$ = Ausgangsdicke des Bleches

$b_{1max}$ = größte Breite nach der Umformung

Bestimmung der Druckfläche F:

$$F' = \frac{2}{3} \cdot g \cdot h = \frac{2}{3} \cdot l \cdot \frac{b_{1max} - b_o}{2} \qquad \text{(Fläche eines Parabelabschnittes, angenähert)}$$

$$F = 2 \cdot \left(\frac{2}{3} \cdot l \cdot \frac{b_{1max} - b_o}{2}\right) + b_o \cdot l = \frac{(2b_{1max} + b_o) \cdot l}{3}$$

Bestimmung des verdrängten Volumens:

$$V = F_A \cdot b_o \qquad F_A = \text{Kreisabschnitt zur Sehnenlänge l}$$

Abbildung 19

Berechnung der wirksamen Druckfläche F und des vom Umformbolzen verdrängten Volumens V beim Eindrücken eines Bolzens in Blechstreifen

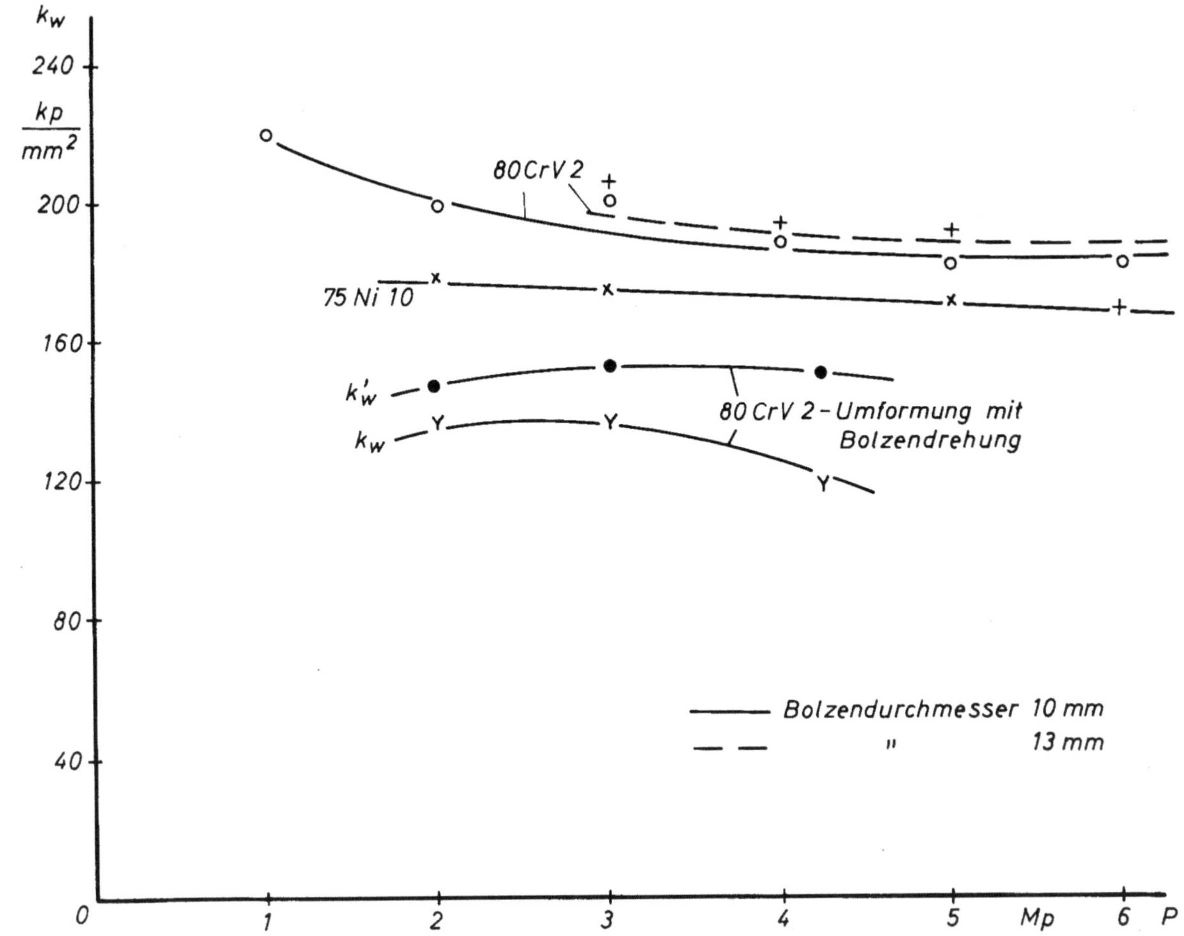

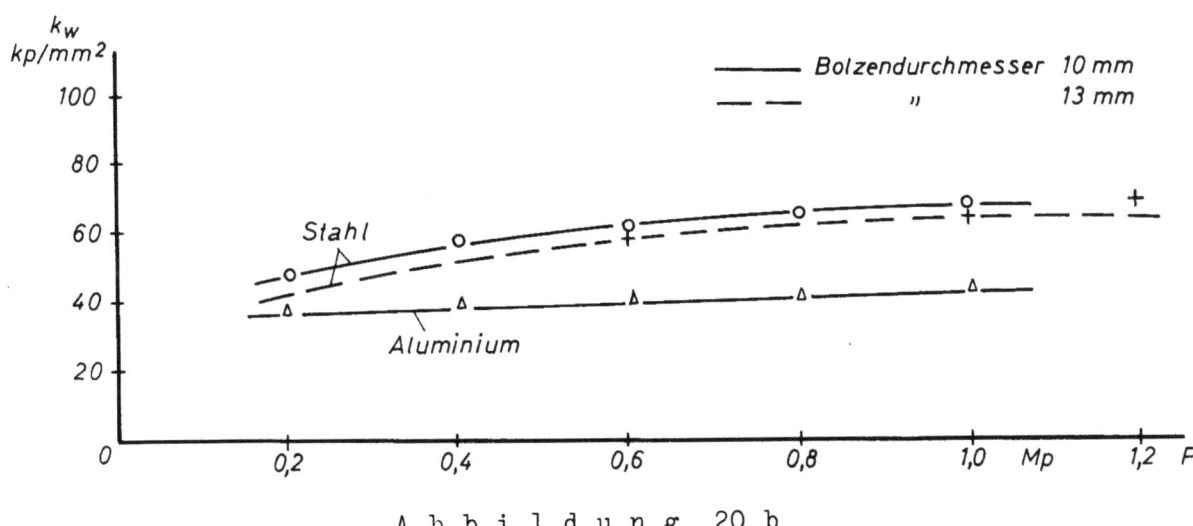

Abbildung 20a

Formänderungswiderstände in Abhängigkeit von der zugehörigen Belastung beim Eindrücken von Bolzen in Blechstreifen aus vergütetem Sägenstahl mit und ohne Drehung des Bolzens während der Umformung

Abbildung 20b

Formänderungswiderstände in Abhängigkeit von der zugehörigen Belastung beim Eindrücken von Bolzen in Blechstreifen aus weichgeglühtem unlegiertem Stahl und Aluminium

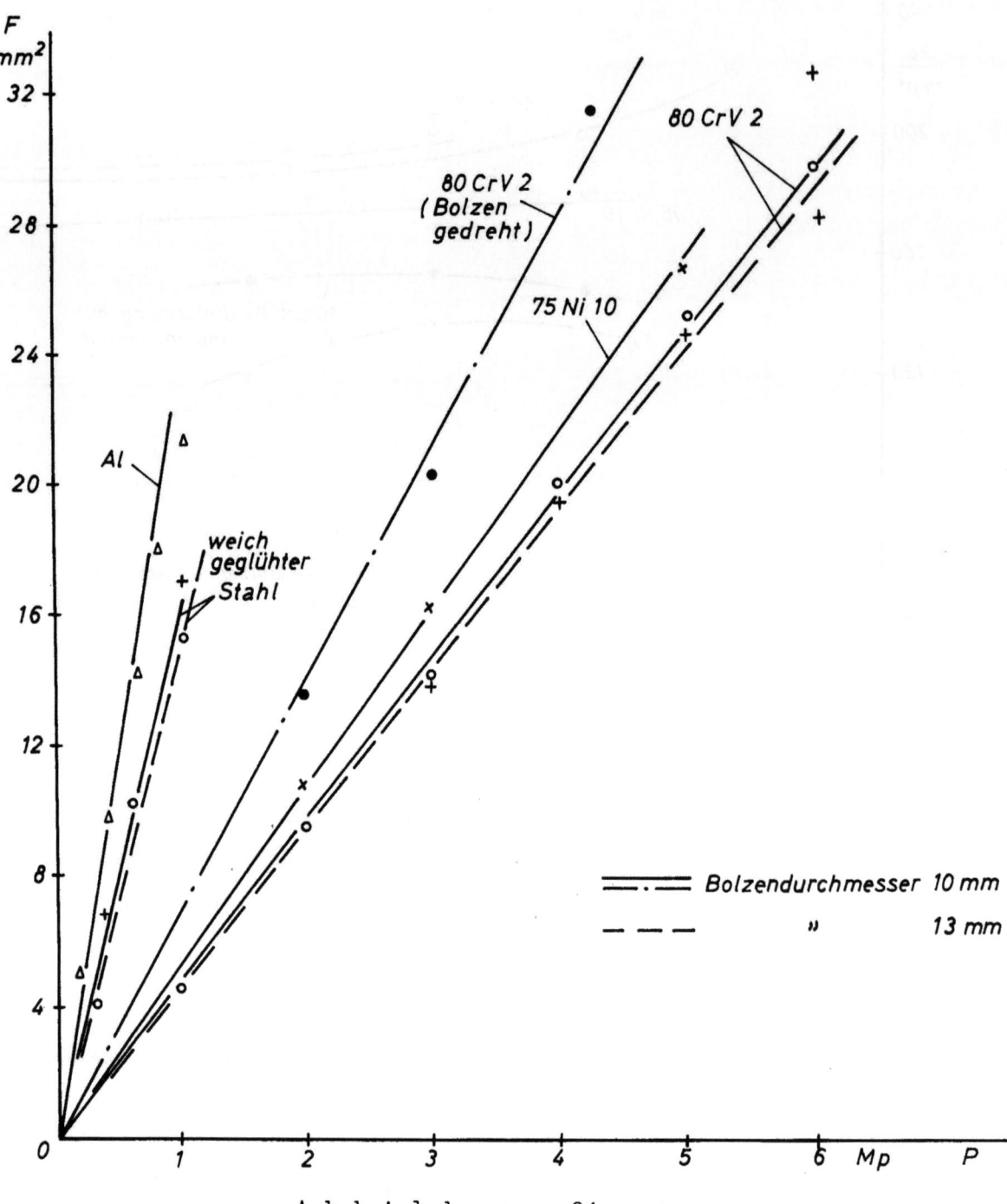

Abbildung 21

Erzeugte Druckfläche F in Abhängigkeit von der Umformkraft P für verschiedene Umformfälle beim Bolzeneindrücken in Blechstreifen

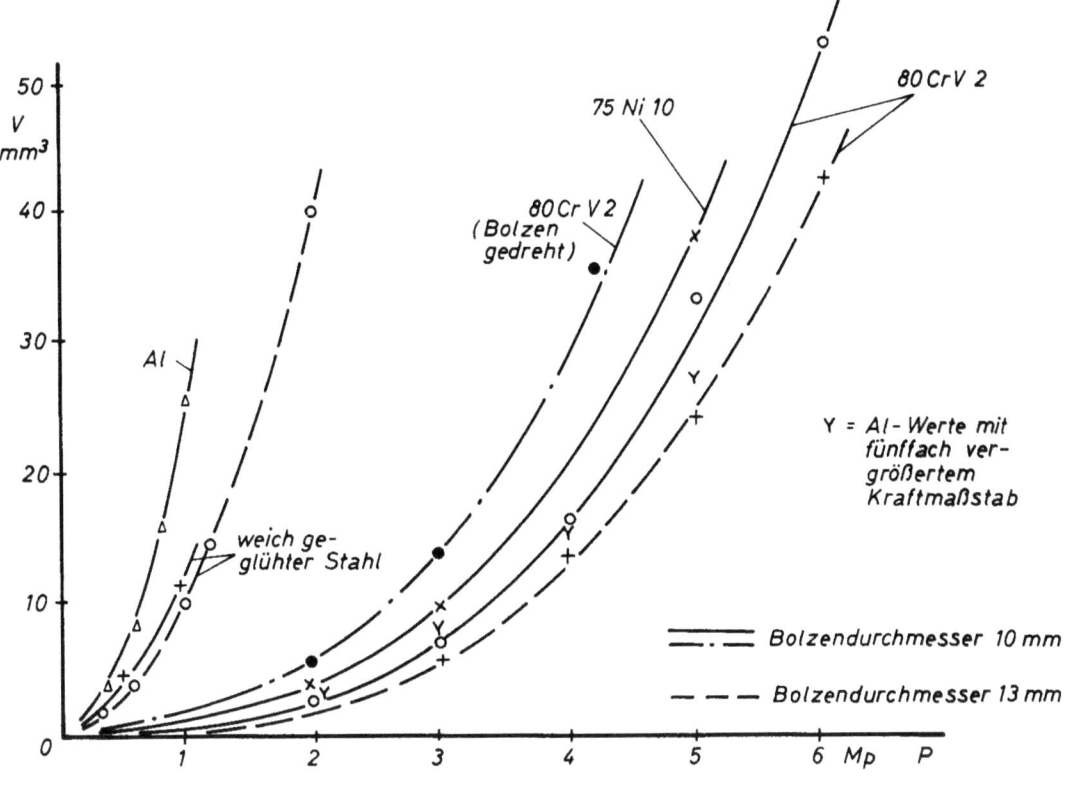

Abbildung 22

Abhängigkeit des verdrängten Volumens V von der Umformkraft P

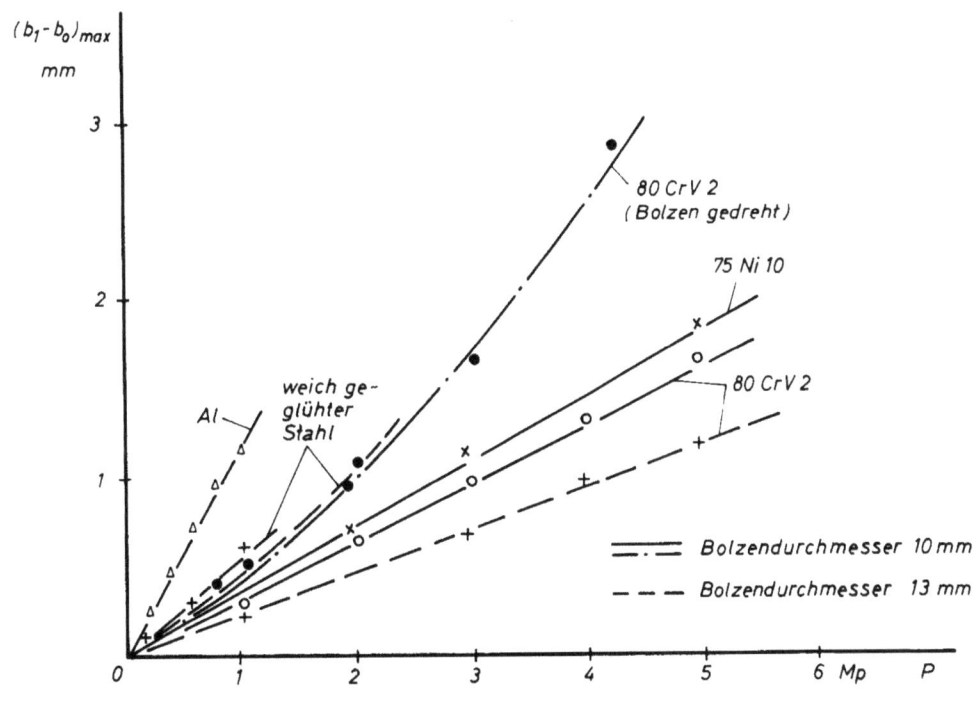

Abbildung 23

Abhängigkeit der jeweils größten Breitung $(b_1-b_0)_{max}$ von der Umformkraft P

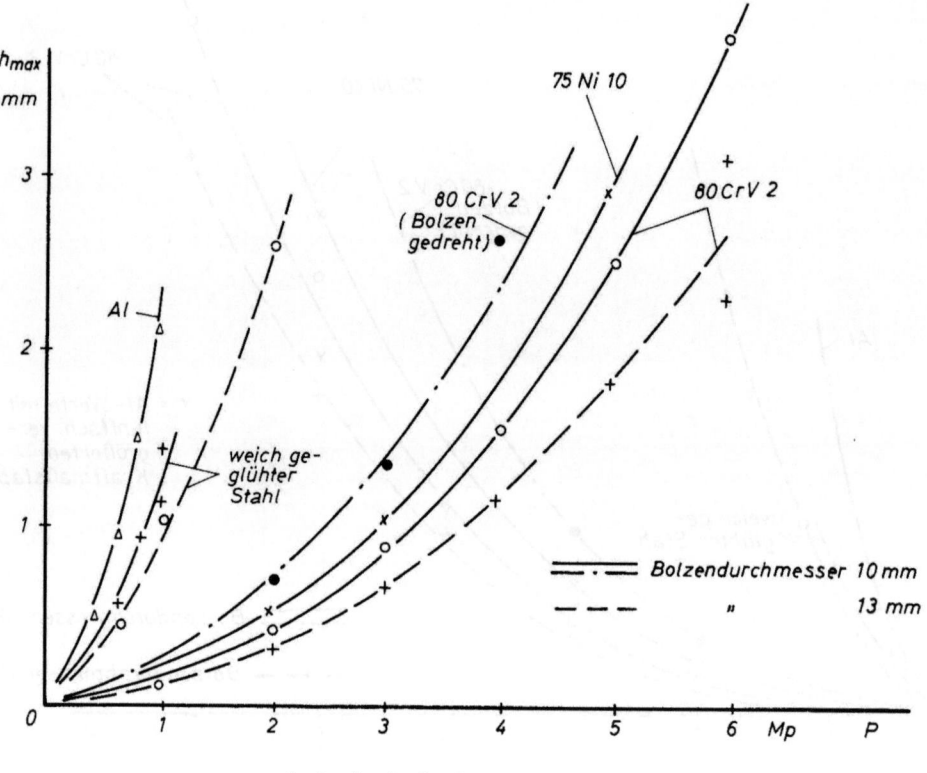

Abbildung 24

Abhängigkeit der jeweils größten Eindringtiefe $h_{max}$ von der Umformkraft P

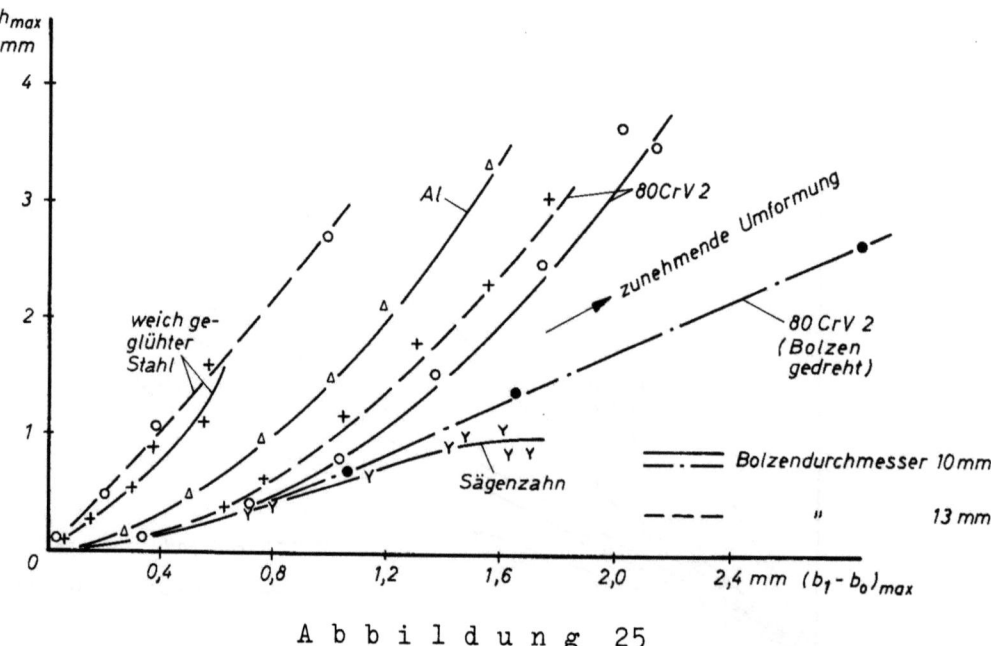

Abbildung 25

Abhängigkeit zwischen Eindringtiefe und Breitung in der Mitte der Umformmulde bei jeweils zunehmender Umformung

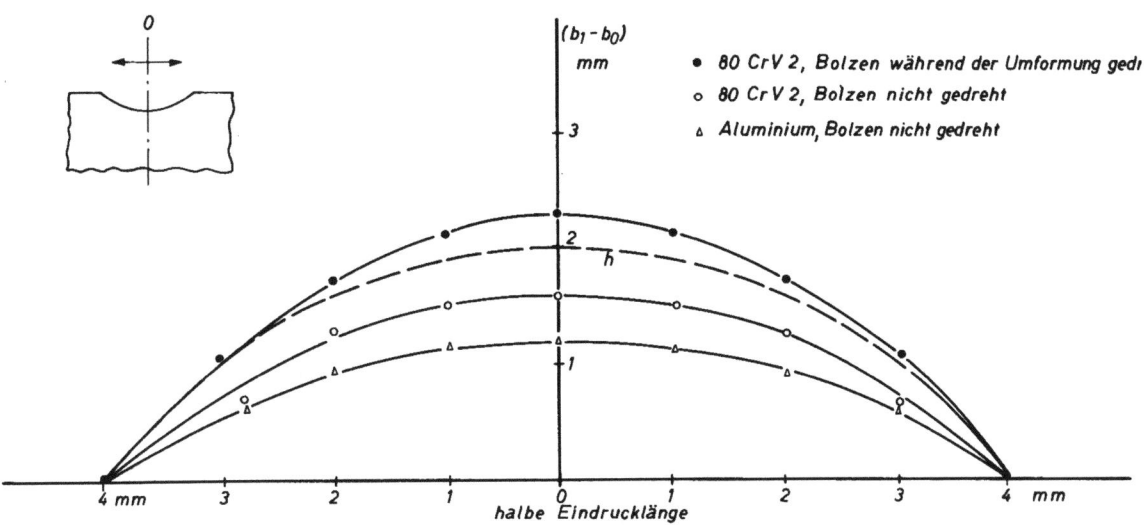

Abbildung 26

Verlauf der Breitung über die Länge des Bolzeneindruckes für verschiedene Umformfälle bei jeweils gleicher Eindringtiefe des Umformwerkzeuges von 2 mm - Kreisbogenform des Eindruckes ist gestrichelt eingezeichnet

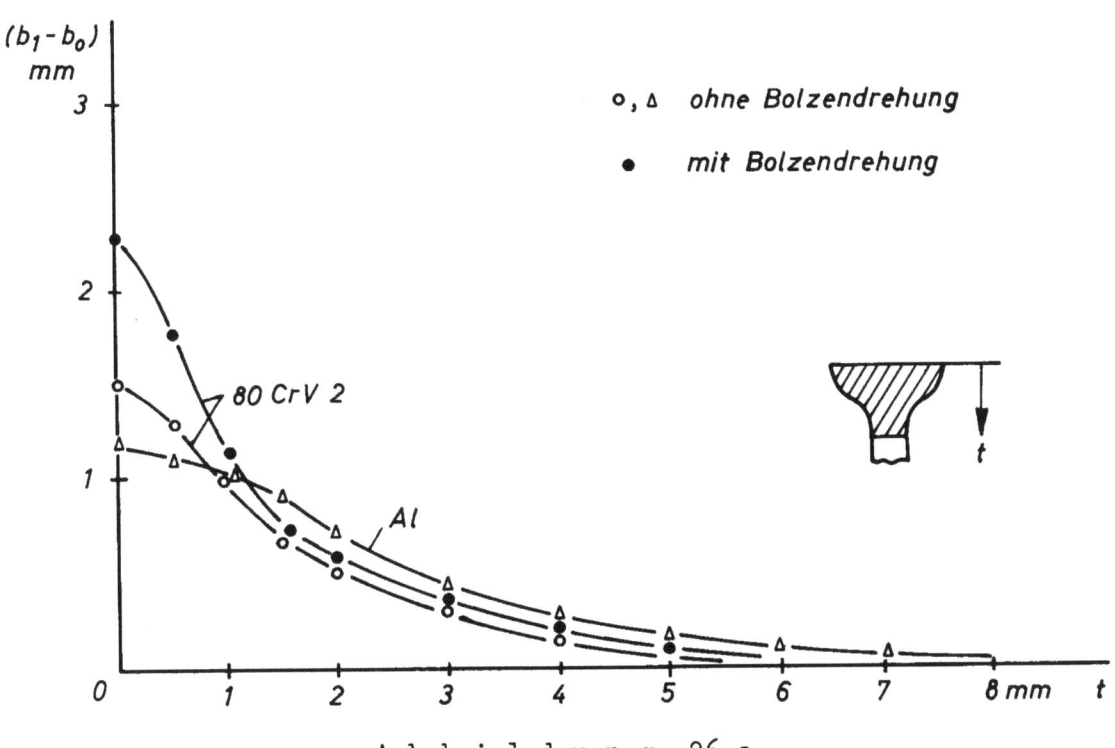

Abbildung 26 a

Verlauf der Breitung $(b_1-b_0)$ in Richtung t in der Mitte des Bolzeneindruckes für verschiedene Umformfälle bei jeweils gleicher Eindringtiefe des Umformwerkzeuges von 2 mm

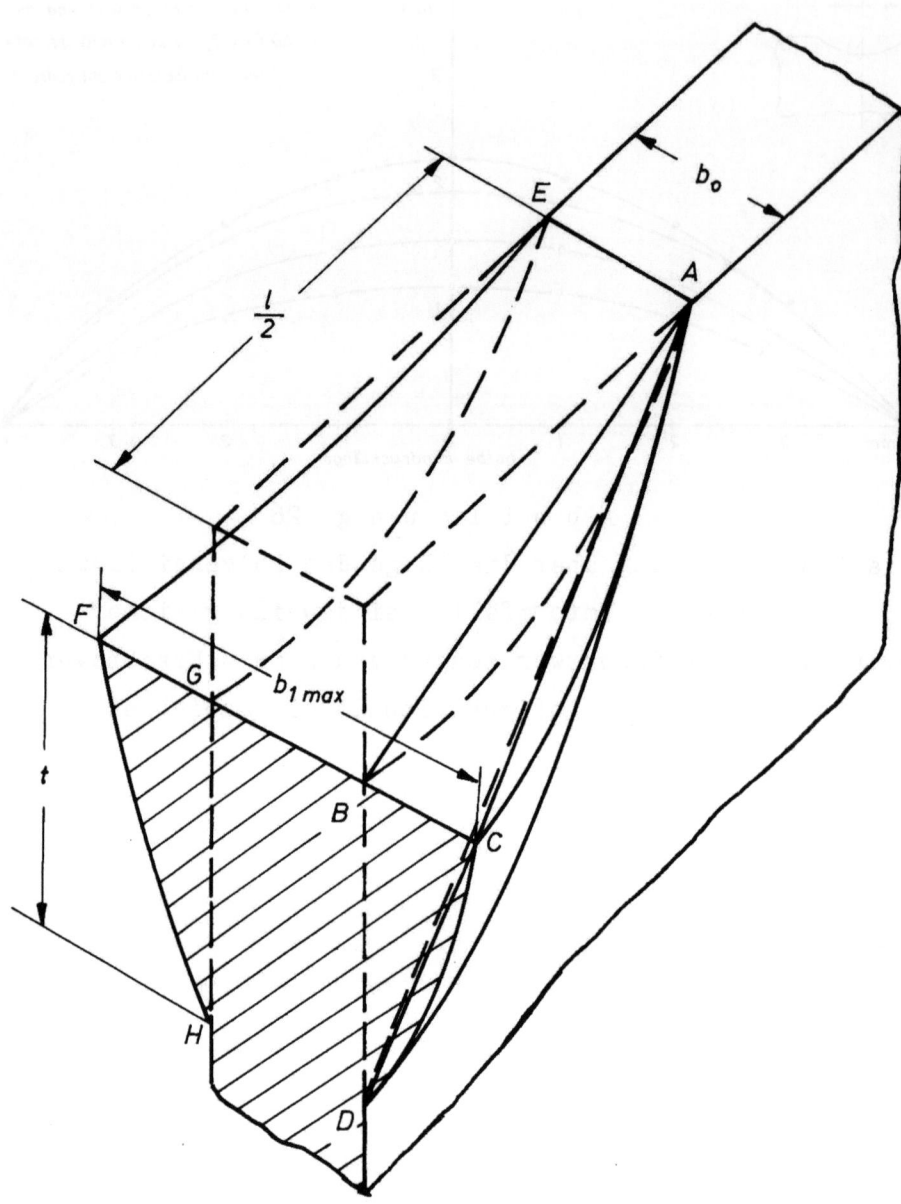

Abbildung 27

Lage der Pyramiden ABCD und EFGH zur Bestimmung
eines Formfaktors für die seitliche Auswölbung
beim Eindrücken eines Bolzens in einen Blechstreifen
(Probenhälfte bis zur Muldenmitte dargestellt)

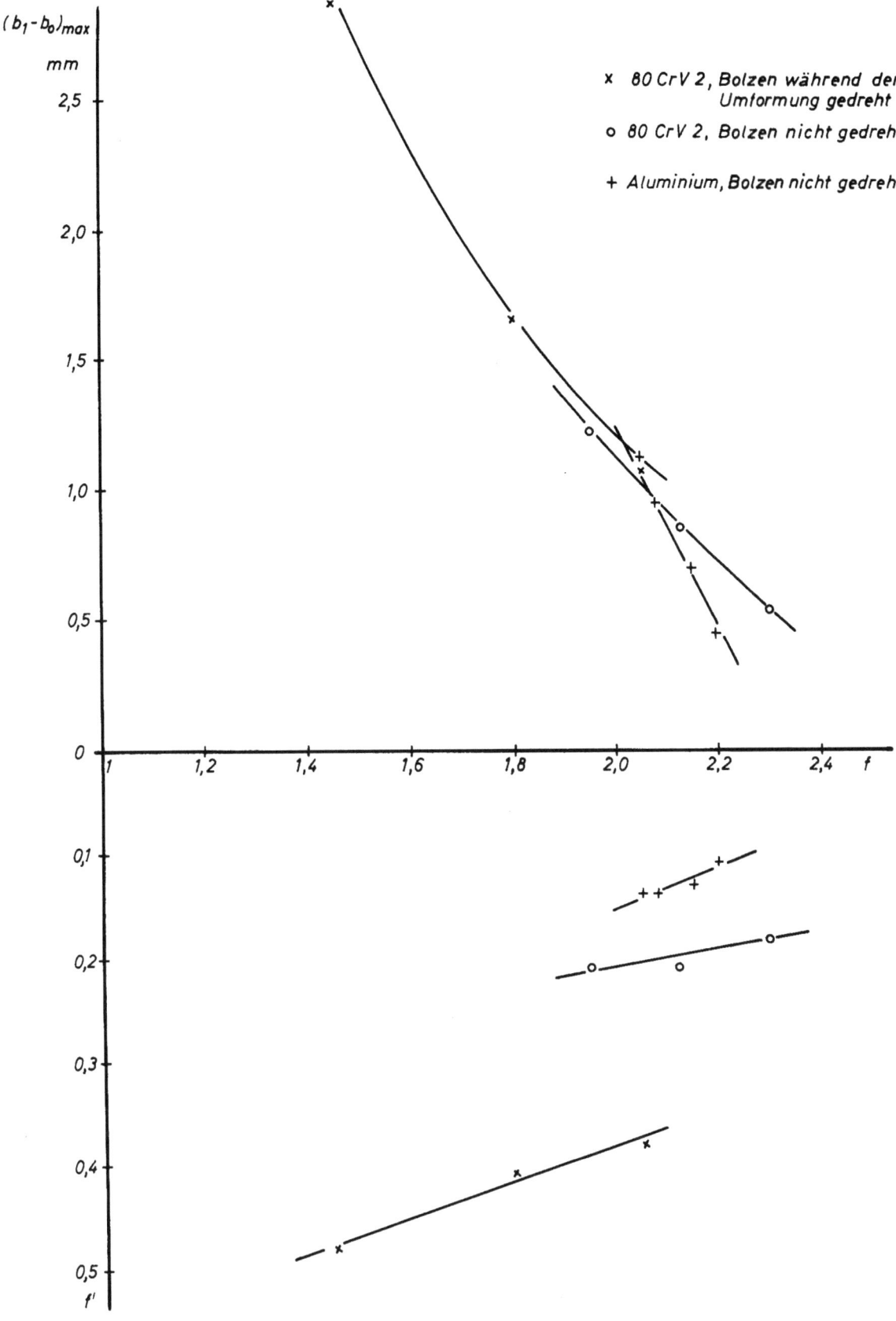

Abbildung 28

Beziehung zwischen der Breitung, dem Formfaktor der seitlichen Aufwölbung f und dem Steifheitsfaktor f' bei verschiedenen Umformfällen des Bolzeneindrückens

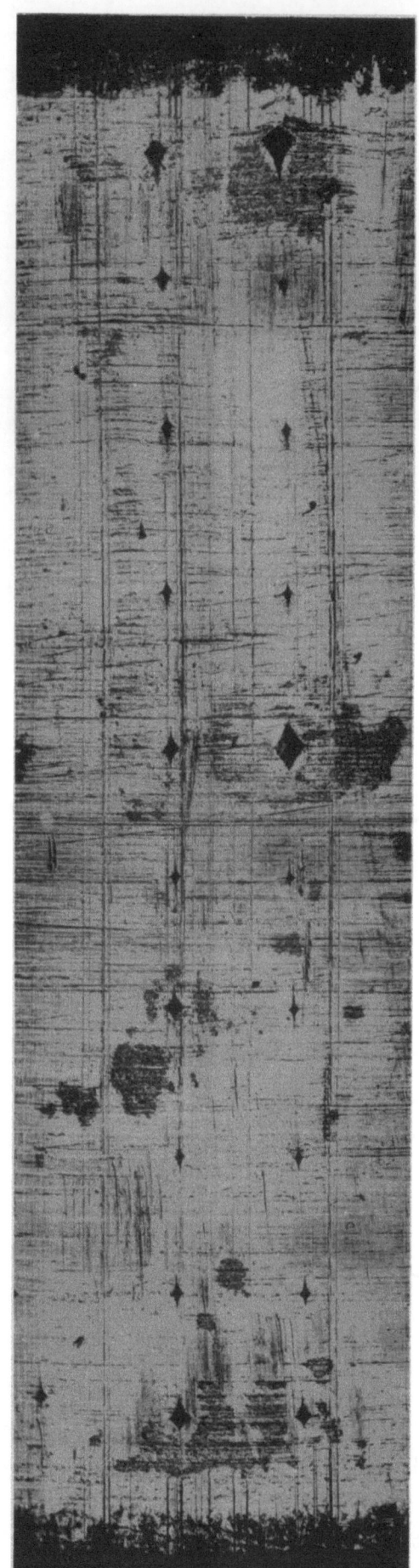

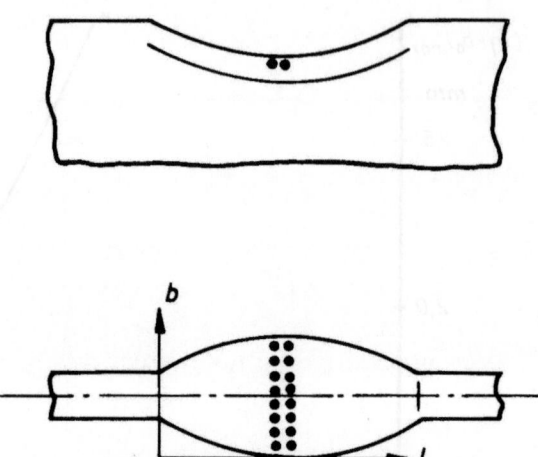

Lage der Eindrücke des
Härteprüfdiamanten auf
der Umformoberfläche

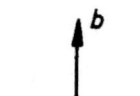

Abbildung 29

Eindrücke eines Härteprüfdiamanten auf der Muldenoberfläche nach der Umformung zur Betrachtung der Werkstoffverschiebung

Vergr. 80:1

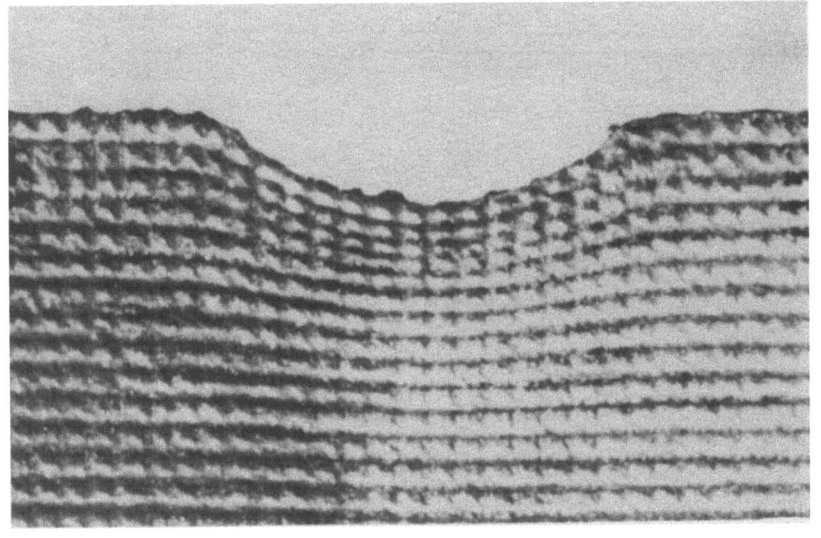
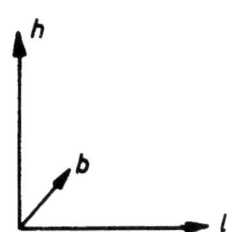

Innenfläche der hartgelöteten Probe nach der Umformung    Vergr. 7,5:1

Richtungen der Umformgradbestimmung

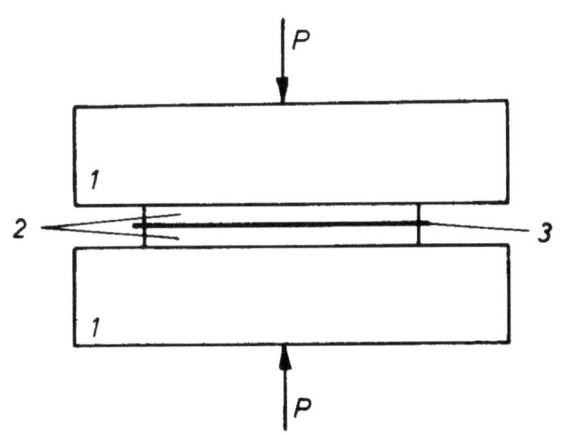

1 = im Ofen erhitzte Druckstücke
2 = zu verlötende Bleche
3 = Lot - Folie

Hartlöten von Blechen (schematische Darstellung)

A b b i l d u n g  30
Nach der Umformung durch Bolzeneindrücken aufgetrennte
hartgelötete Probe mit Innenmarkierung zur Feststellung
der Formänderung kleiner Werkstoffteilchen und
schematische Darstellung des Hartlötvorganges

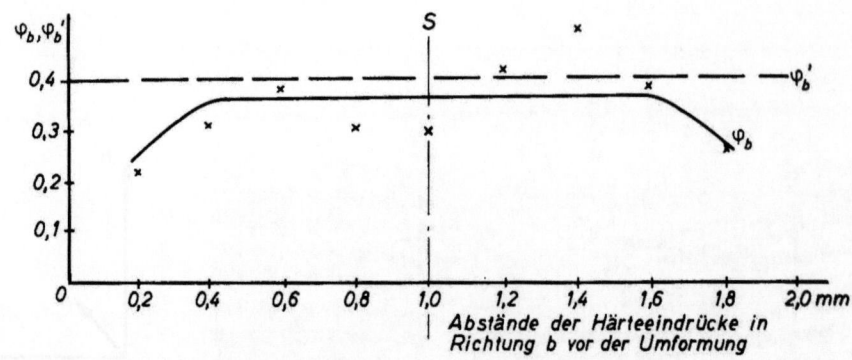

Abbildung 31

Änderung des Umformgrades $\varphi_b$ über die Probenbreite in der Mitte der Umformmulde aus Eindrücken eines Härteprüfdiamanten (Werkstoff 75Ni10)

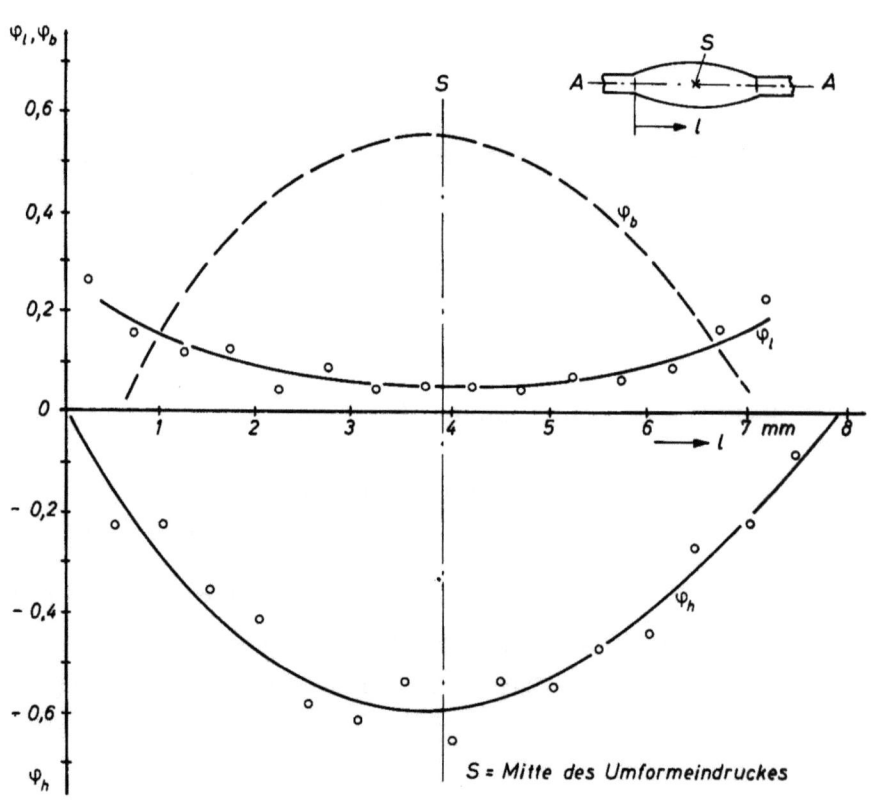

Abbildung 32

Änderung des Umformgrades in den Richtungen h, l und b in der Oberflächenzone des Umformeindruckes im Längsschnitt A - A durch eine vor der Umformung hartgelötete Probe (Werkstoff C 85 WS)

Seite 106

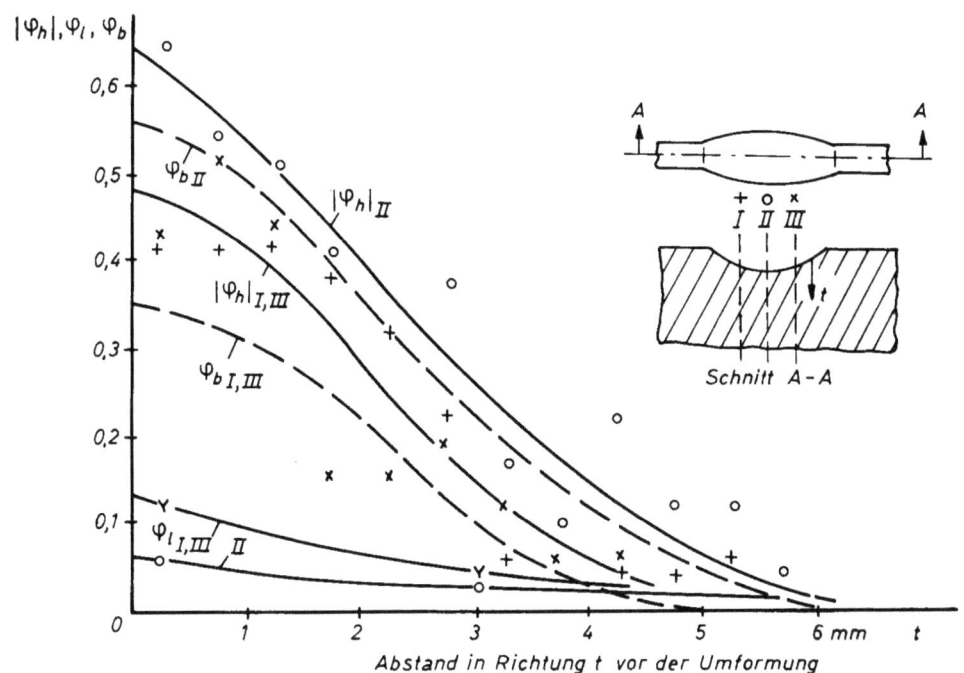

Abbildung 33

Änderung des Umformgrades in den Richtungen h, l und b an den Stellen I, II und III des Probenlängsschnittes A - A der hartgelöteten Probe (Werkstoff C 85 WS)

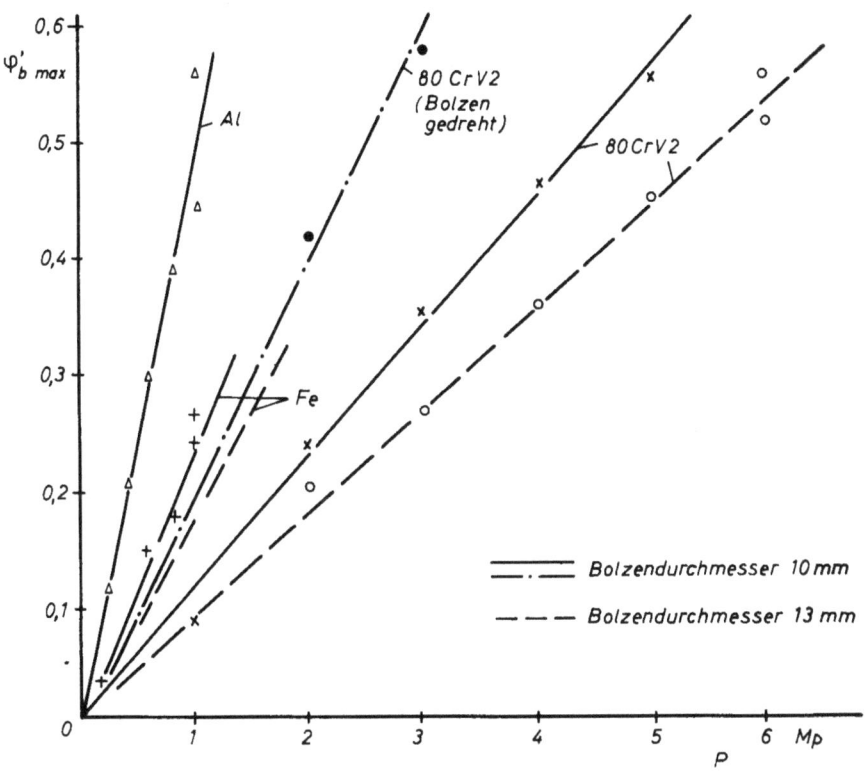

Abbildung 34

Änderung des Umformgrades $\varphi_{b\,max}'$ mit der Umformkraft P

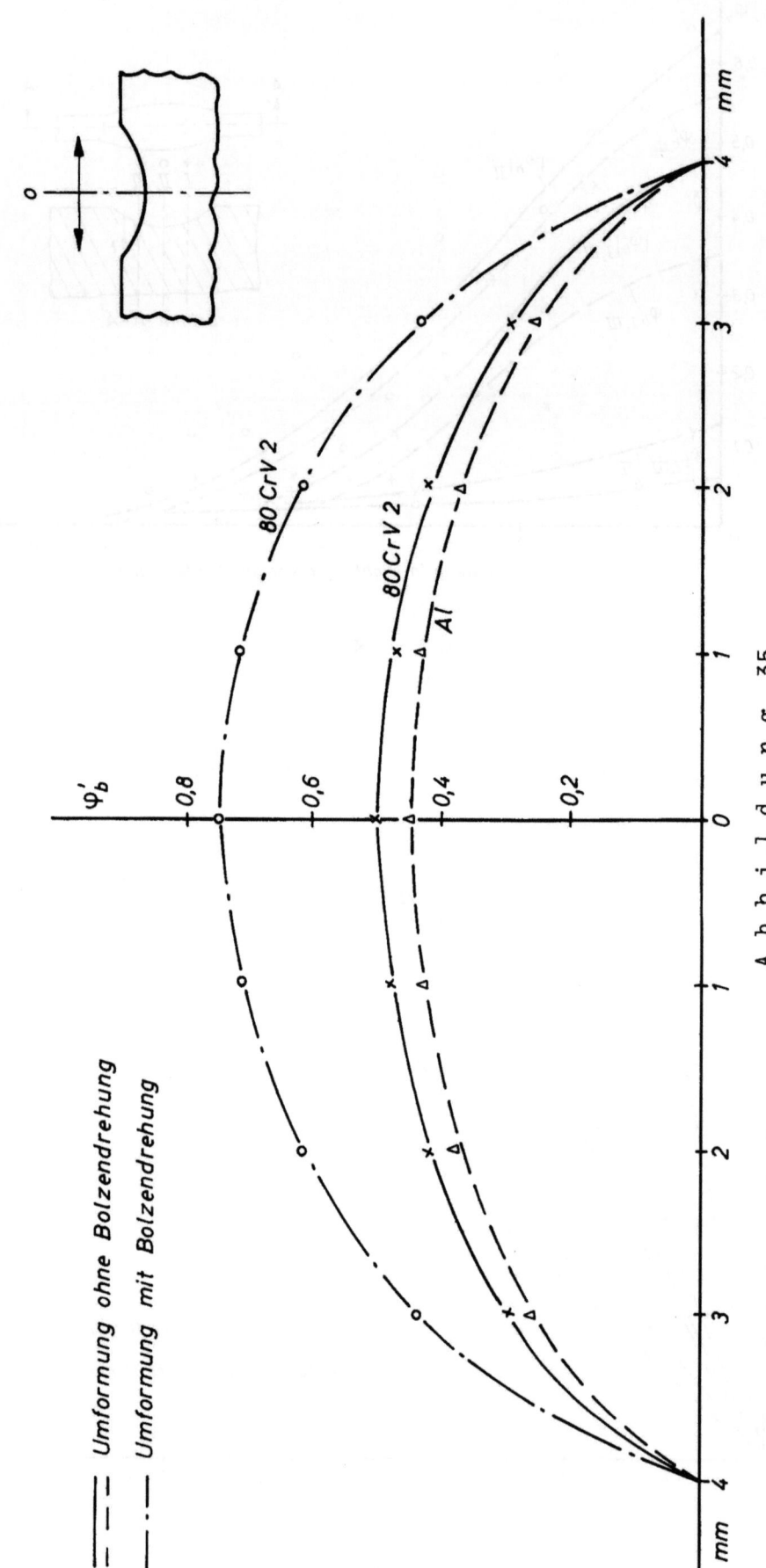

Abbildung 35

Änderung des Umformgrades $\varphi_b'$ über die Länge des Bolzeneindruckes für verschiedene Umformfälle bei jeweils gleicher Eindringtiefe des Umformwerkzeuges von 2 mm

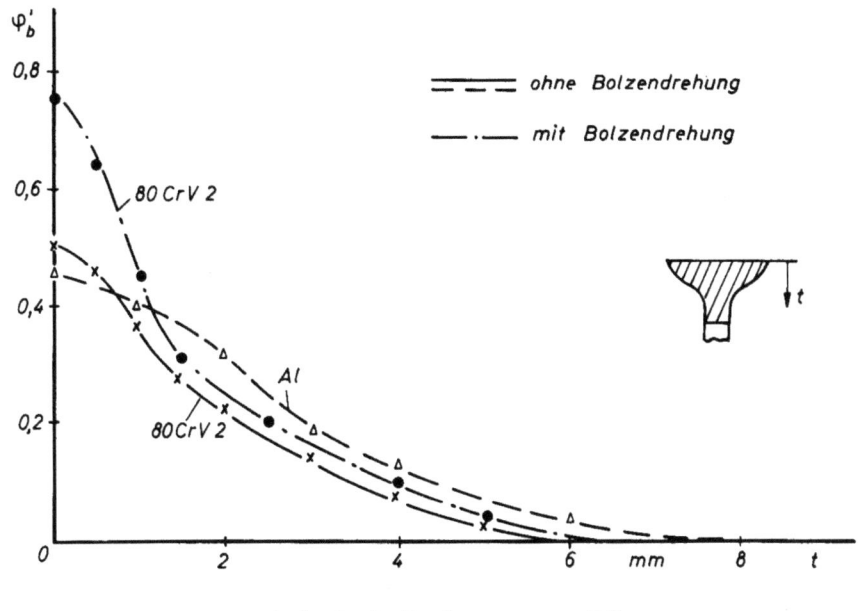

Abbildung 36

Änderung des Umformgrades $\varphi_b'$ in Richtung t in der Mitte der Umformmulde für verschiedene Umformfälle bei jeweils gleicher Eindringtiefe des Bolzens von 2 mm

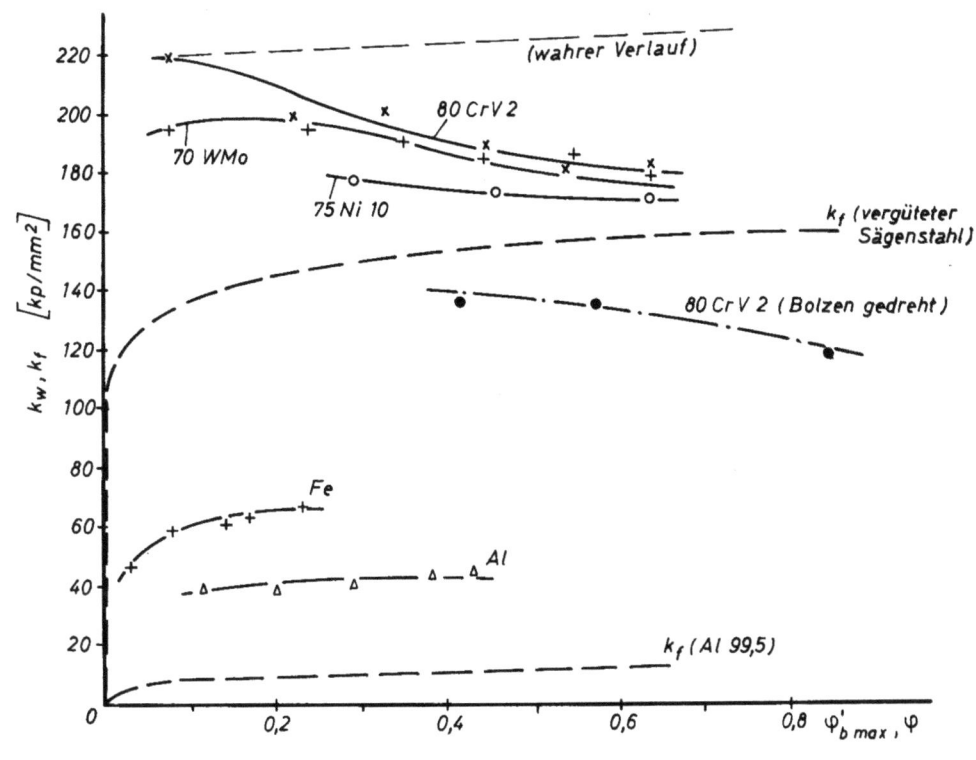

Abbildung 37

Formänderungswiderstand $k_w$ in Abhängigkeit vom Umformgrad $\varphi_{b\,max}'$ an der Stelle größter Breitung eines Bolzeneindruckes und Gegenüberstellung zu den Kaltfließkurven für vergüteten Stahl und für Rein-Aluminium $k_f = f(\varphi)$

Abbildung 38

Beim Eindrücken eines Bolzens unter einer Belastung von etwa 6 Mp aufgeplatzte Probe aus vergütetem Sägenstahl
(Vergr. 4 : 1)

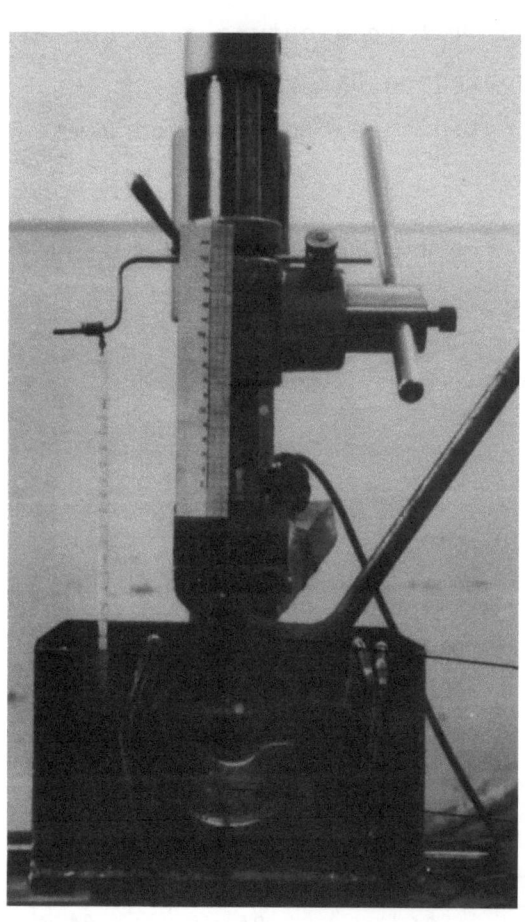

Drehhebel für Umformbolzen

Umformbolzen

umgeformte Probe

Abbildung 39

Vorrichtung zur Umformung thermoplastischer Kunststoffe im geheizten Ölbad (Modellversuche)

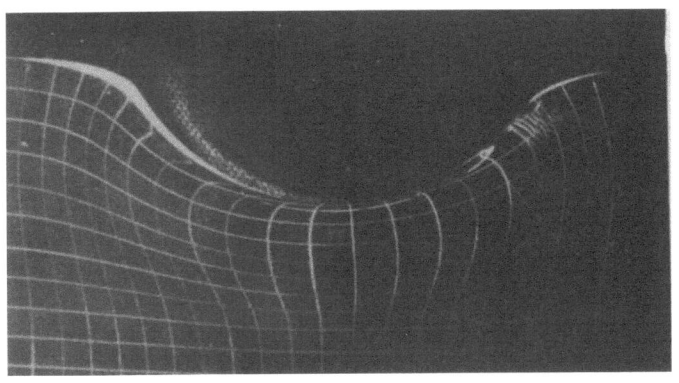 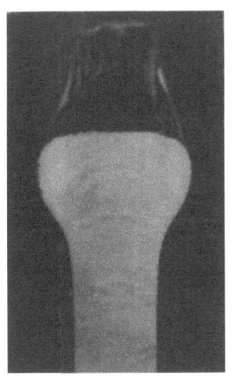

Seitenansicht     Schnitt durch die Muldenmitte

Abbildung 40

Plexiglasmodell nach der Umformung durch Bolzeneindrücken
(Umformtemperatur 110°C) (Maßstab 1:1)

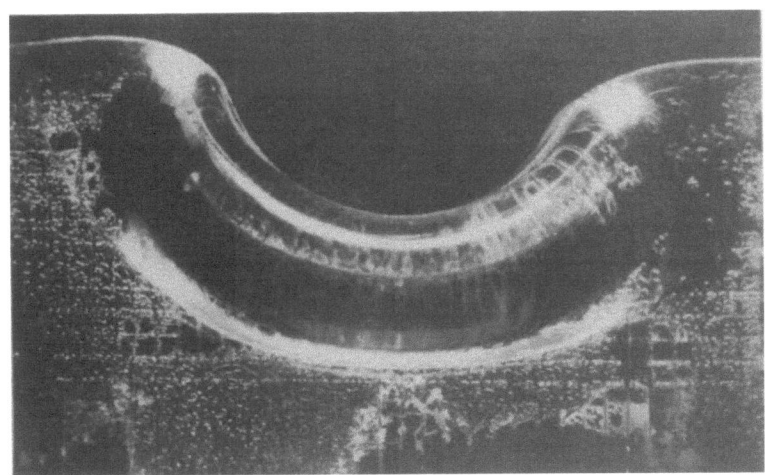 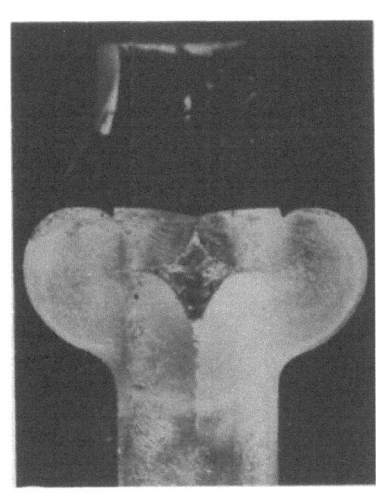

Seitenansicht     Schnitt durch die Mitte der Umformmulde

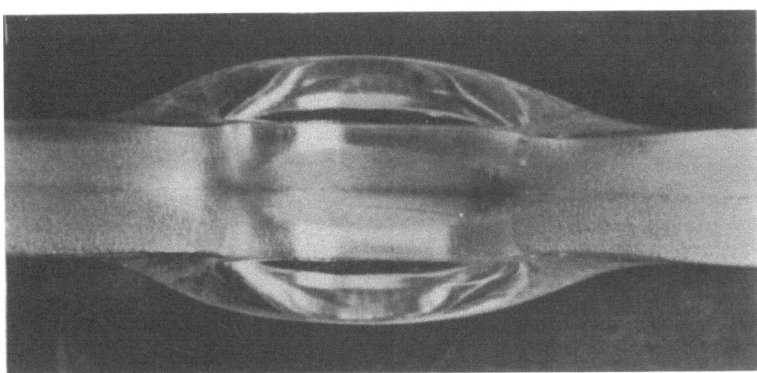

Draufsicht

Abbildung 41

Innen gezeichnetes und geklebtes Polystyrolmodell nach der Umformung
durch Bolzeneindrücken (Umformtemperatur 130°C) (Maßstab 1:1)

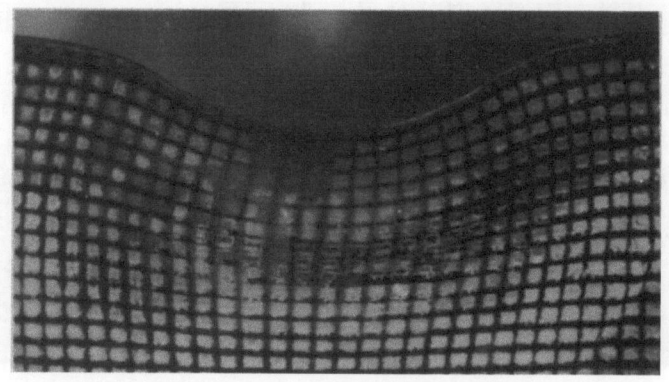

Abbildung 42
Innenseite eines Polystyrolmodells nach der Umformung
durch Bolzeneindrücken
- eingeritzte Linien mit Tusche ausgefüllt

     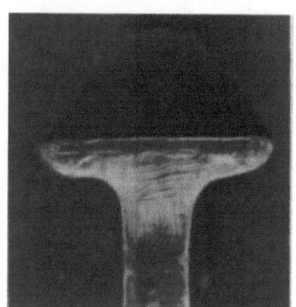

Seitenansicht     Schnitt durch
die Mitte der
Umformmulde

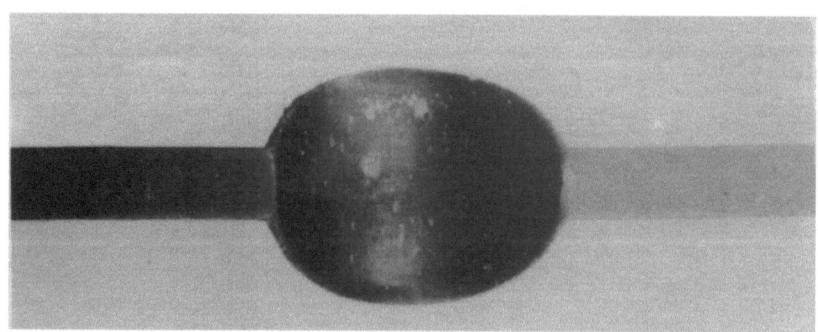

Draufsicht

Abbildung 43
Wachsmodell nach der Umformung durch Bolzeneindrücken
bei Raumtemperatur (Maßstab 1:1)

**Abbildung 44**

Vorrichtung zur Gleitstauch-Umformung eines Aluminium-Zahnmodells

1 = Modellzahn
2 = Gegenhalter
3 = Klemmlasche
4 = Umformbolzen
5 = Handhebel zur Drehung des Bolzens

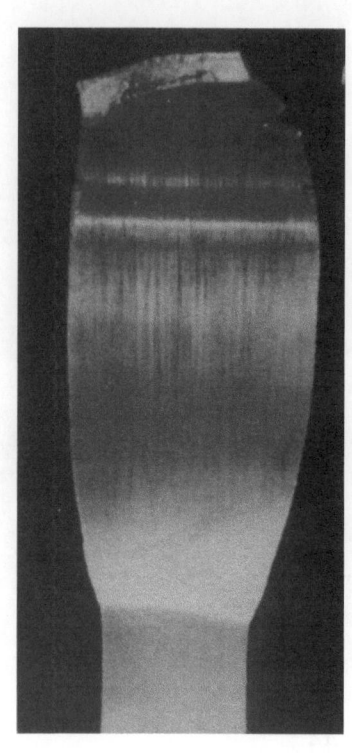

A b b i l d u n g  45

Zahnbrust eines Aluminium Modellzahnes nach der Gleitstauch-Umformung

(Maßstab 1:1)

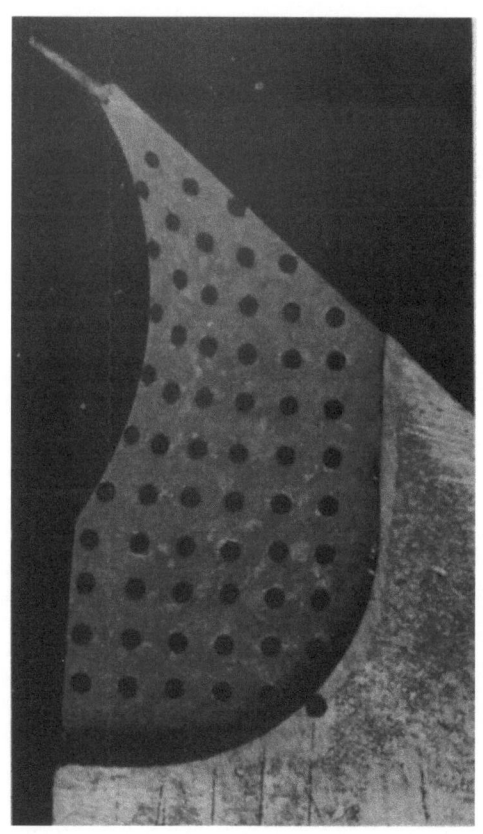

A b b i l d u n g  46

Aluminium-Modellzahn mit Markierungspunkten durch eingesetzte Kupferstifte nach der Gleitstauchumformung

- seitliche Auswölbung bis zur Zahnmitte abgefräst

(Maßstab 1:1)

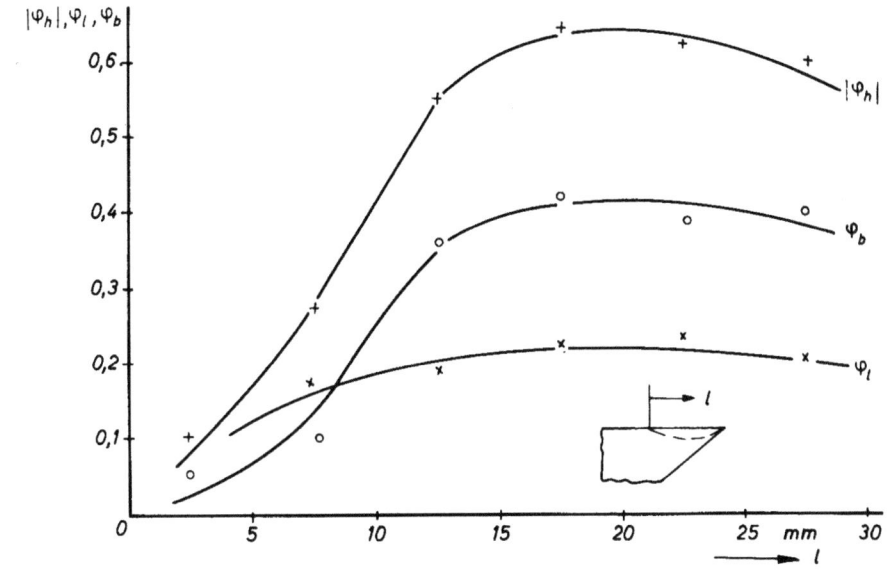

Abbildung 47

Änderung der Umformgrade $|\varphi_h|$, $\varphi_l$ und $\varphi_b$ über die Länge der Umformmulde eines Aluminium-Modellzahnes

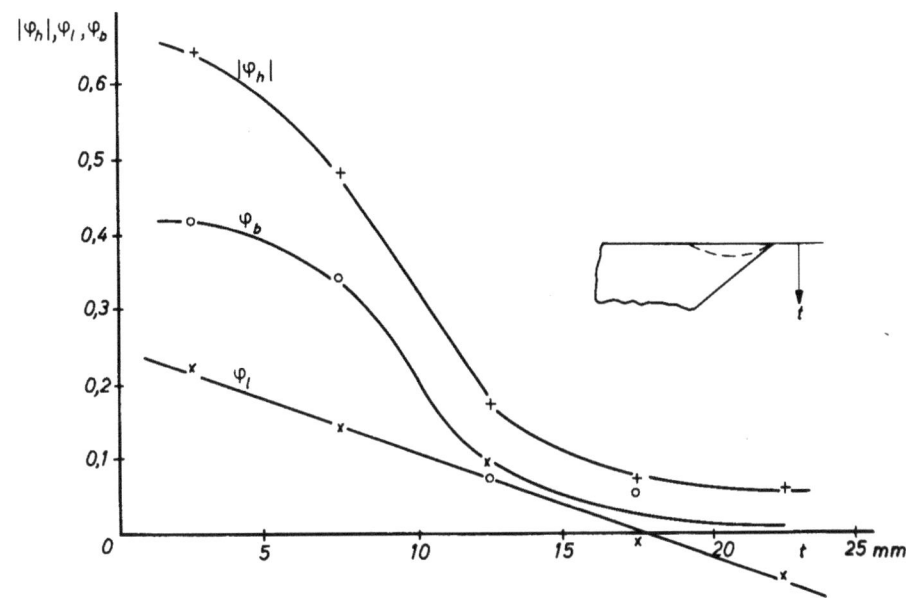

Abbildung 48

Änderung der Umformgrade $|\varphi_h|$, $\varphi_l$ und $\varphi_b$ in Richtung t senkrecht zur Zahnbrust eines Aluminium-Modellzahnes in der Mitte der Umformmulde

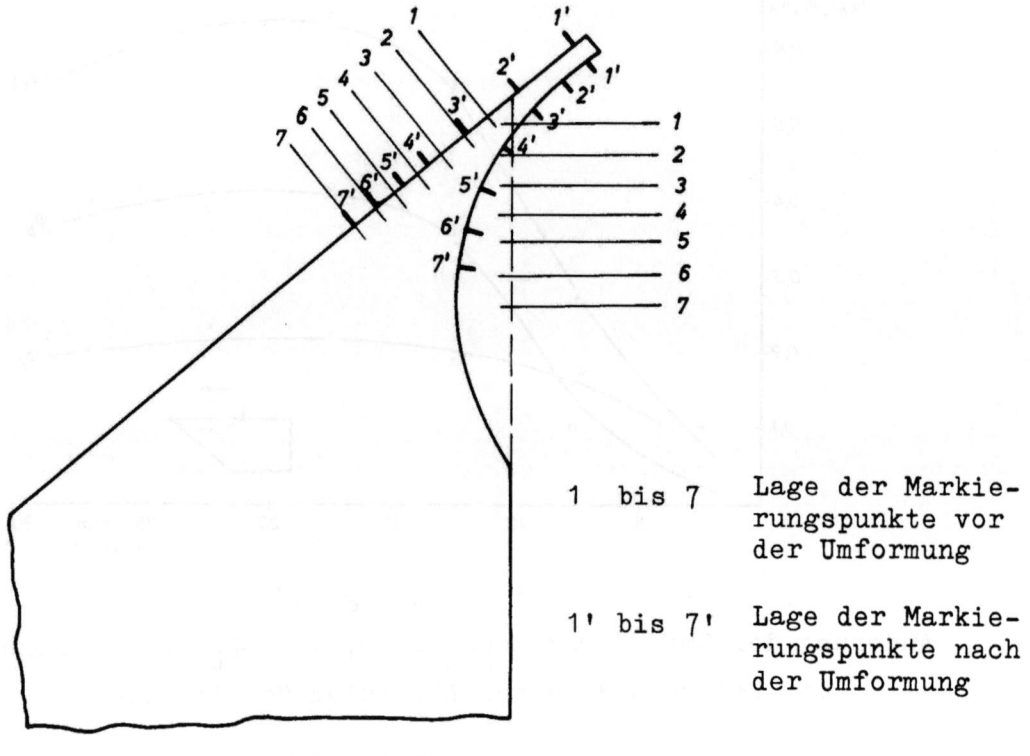

Abbildung 49

Betrachtung der Werkstoffverschiebung in der Zahnspitzenzone eines Aluminium-Modellzahnes beim Gleitstauchen durch an Zahnbrust und Zahnrücken eingesetzte Kupferstifte

1 bis 7 — Lage der Markierungspunkte vor der Umformung

1' bis 7' — Lage der Markierungspunkte nach der Umformung

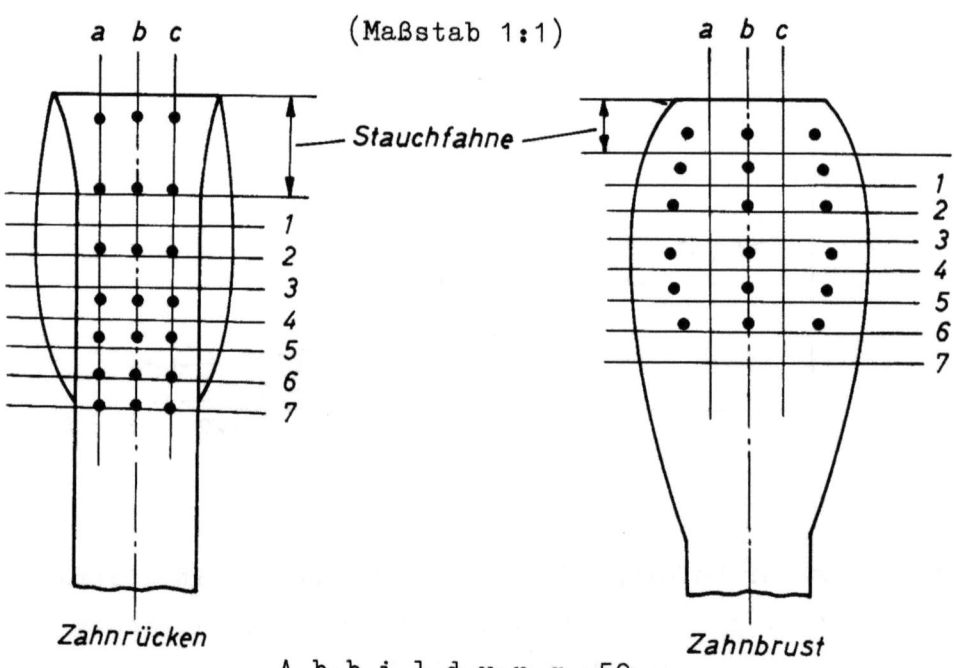

Abbildung 50

Verschiebung der eingesetzten Kupferstifte beim Gleitstauchen eines Aluminium-Modellzahnes vom Zahnrücken und von der Zahnbrust aus betrachtet (Maßstab 1:1)

(Punkte nach der Umformung eingezeichnet, Lage vor der Umformung: Schnittpunkte der Linien a bis c und 1 bis 7)

Seite 116

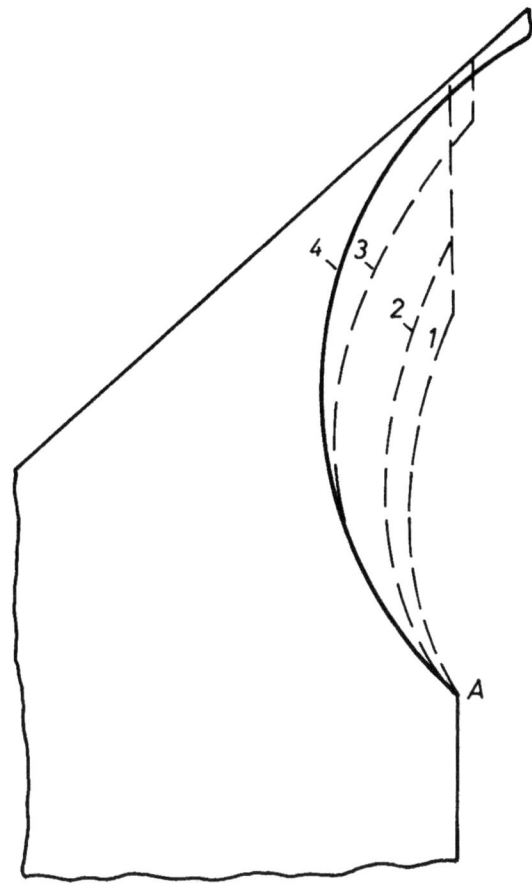

A b b i l d u n g  51

Fortschreiten der Umformung beim Gleitstauchen eines Sägenzahnes

    1 ... Umformbolzen 20° gedreht
    2 ...    "    35° "
    3 ...    "    50° "
    4 ...    "    80° "    (Ende des Umformvorganges)

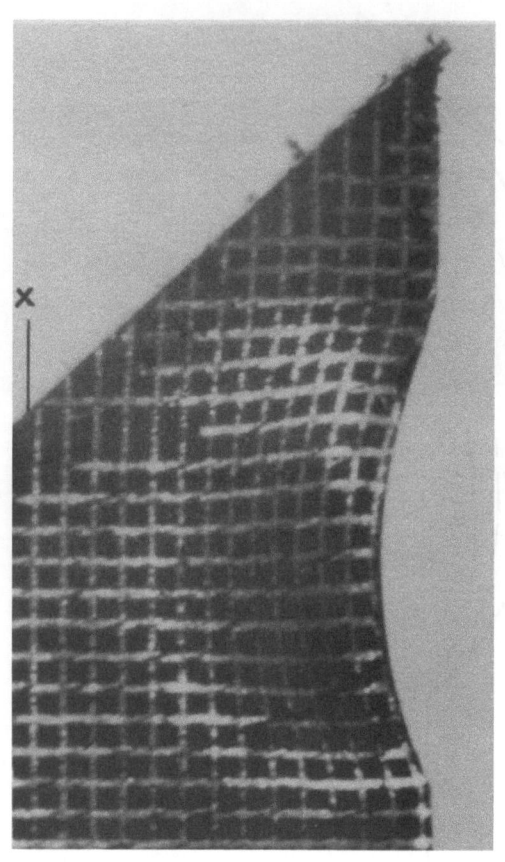

52 a   Bolzen 20° gedreht

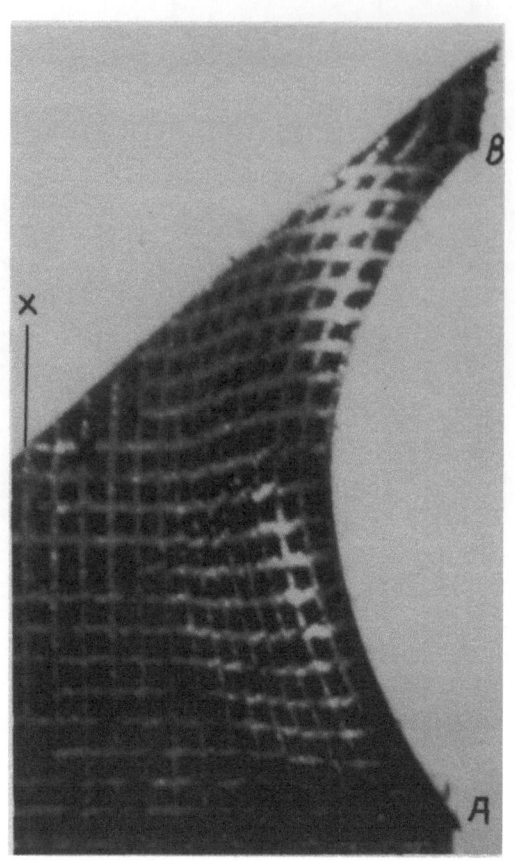

52 b   Bolzen 50° gedreht

52 c
Umformvorgang beendet
(Bolzen ≈ 80° gedreht)

x = Grenze des Umform-
bereiches

A b b i l d u n g   52
Bis zu verschiedenen Drehwinkeln
des Umformbolzens umgeformte Sägen-
zähne mit seitlich aufgebrachtem
Liniennetz
(Werkstoff 75Ni10, Vergr. 14:1)

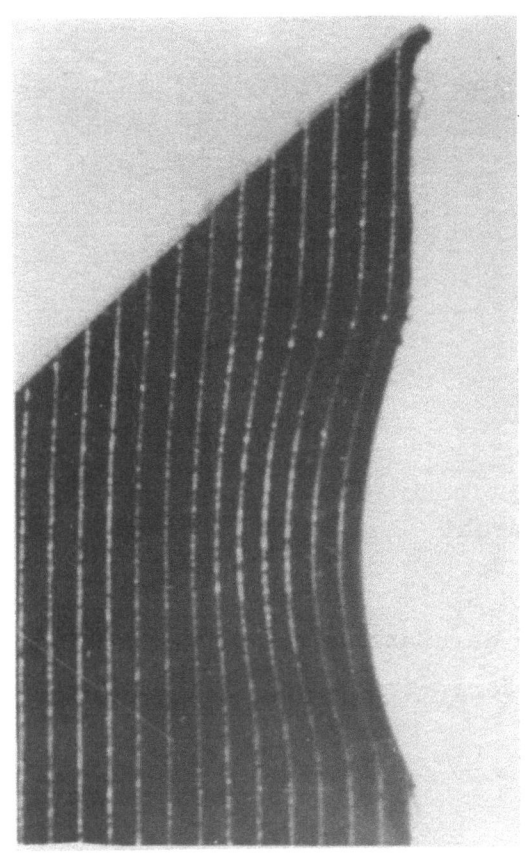

53 a  Bolzen 20° gedreh

53 b  Bolzen 35° gedreht

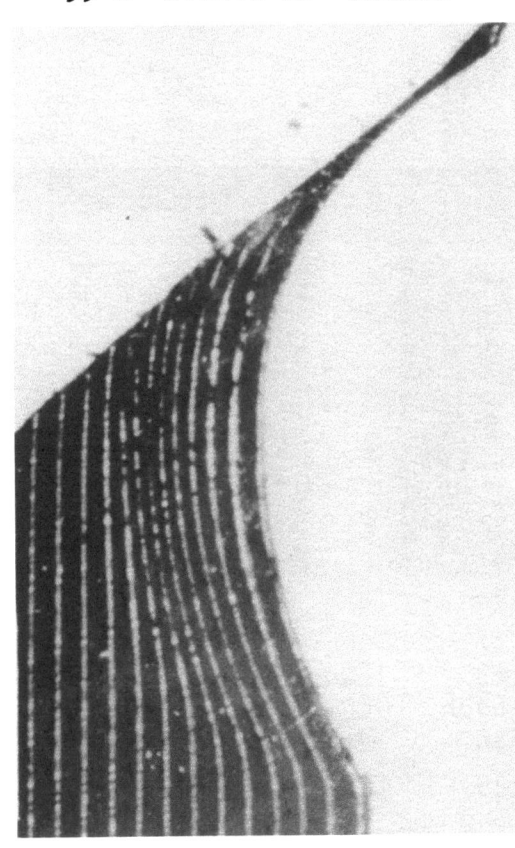

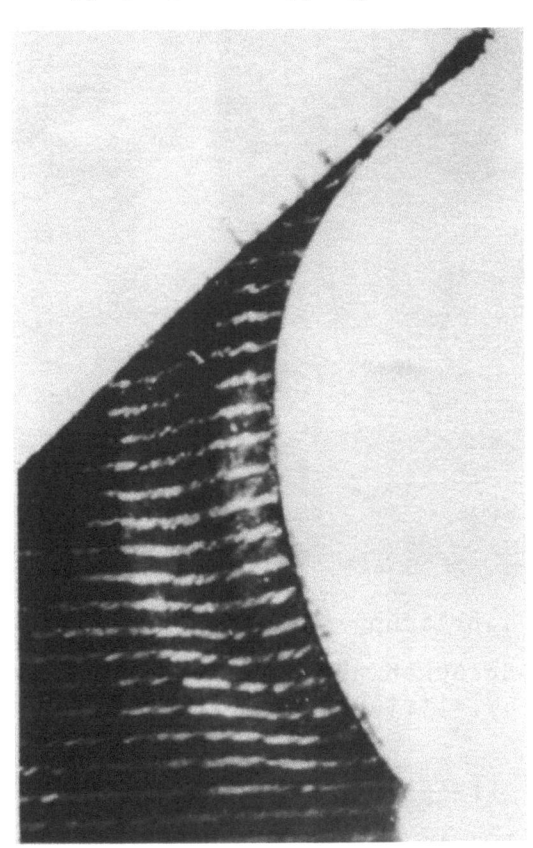

53 c und d   Umformvorgang beendet (Bolzen ≈ 80˜ gedreht)

A b b i l d u n g   53

Verschieden umgeformte Sägenzähne mit seitlich aufgebrachten
Längs- bzw. Querlinien (Werkstoff 75Ni10, Vergr. 14:1)

  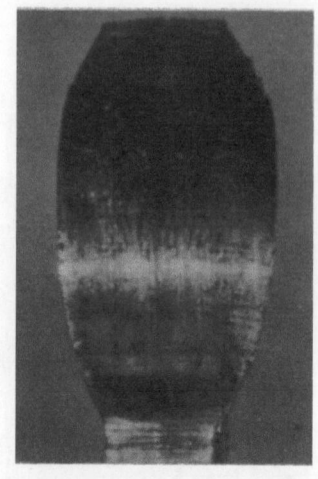

Bolzen 20° gedreht        Bolzen 50° gedreht        Umformvorgang beendet

Abbildung 54

Fortschreiten des Umformvorganges von der Zahnbrust aus betrachtet
(Werkstoff 75Ni10, Vergr. 10:1)

  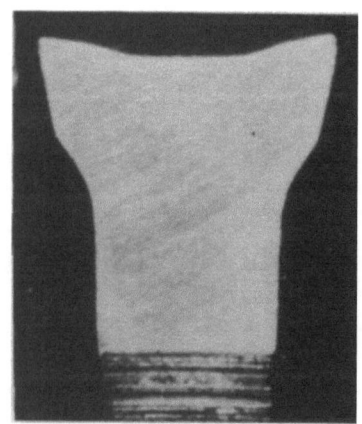

Abbildung 55

Zahnrücken nach dem
Gleitstauchen

(Vergr. 10:1)

Abbildung 56

Querschnitt durch
die Umformzone nach
dem Gleitstauchen

(Vergr. 10:1)

Abbildung 57

Querschnitt durch die
Umformzone nach dem
seitl. Flachpressen

(Vergr. 10:1)

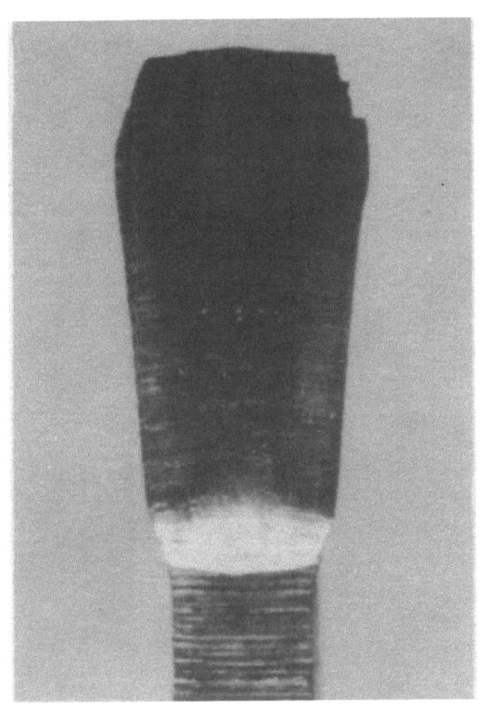

Abbildung 58
Zahnbrust nach dem
seitlichen Flachpressen
(Vergr. 10:1)

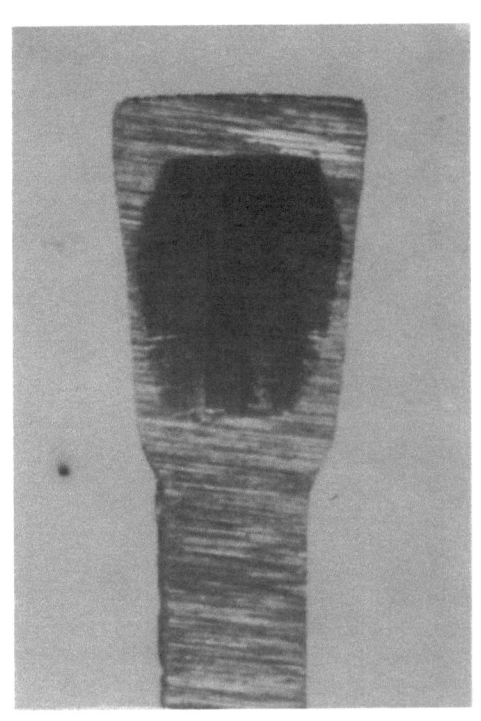

Abbildung 59
Nach dem seitlichen Flachpressen
überschliffene Zahnbrust
(Vergr. 10:1)

Abbildung 61
Einreißen des Sägenzahnes bei Umformung ohne Schmierung
(Werkstoff 80 CrV 2, Vergr. 10:1)

60 a  Umformung ohne Schmierung

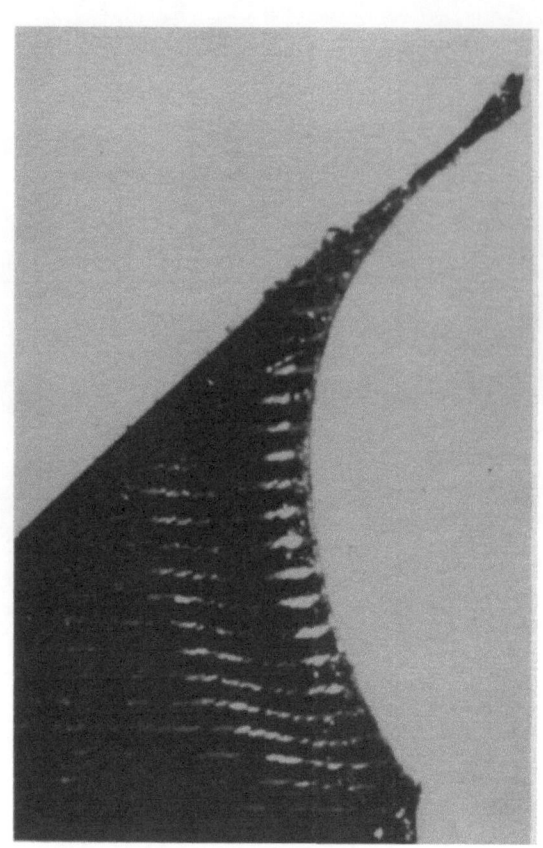

60 b  Zahnbrust mit MoS$_2$ geschmiert

60 c  Zahnrücken mit MoS$_2$ geschmiert

60 d  Zahnbrust und -rücken mit MoS$_2$ geschmiert

A b b i l d u n g  60

Einfluß der Schmierung auf das Gleitstauchen
(Werkstoff 80 CrV 2, Vergr. 14:1)

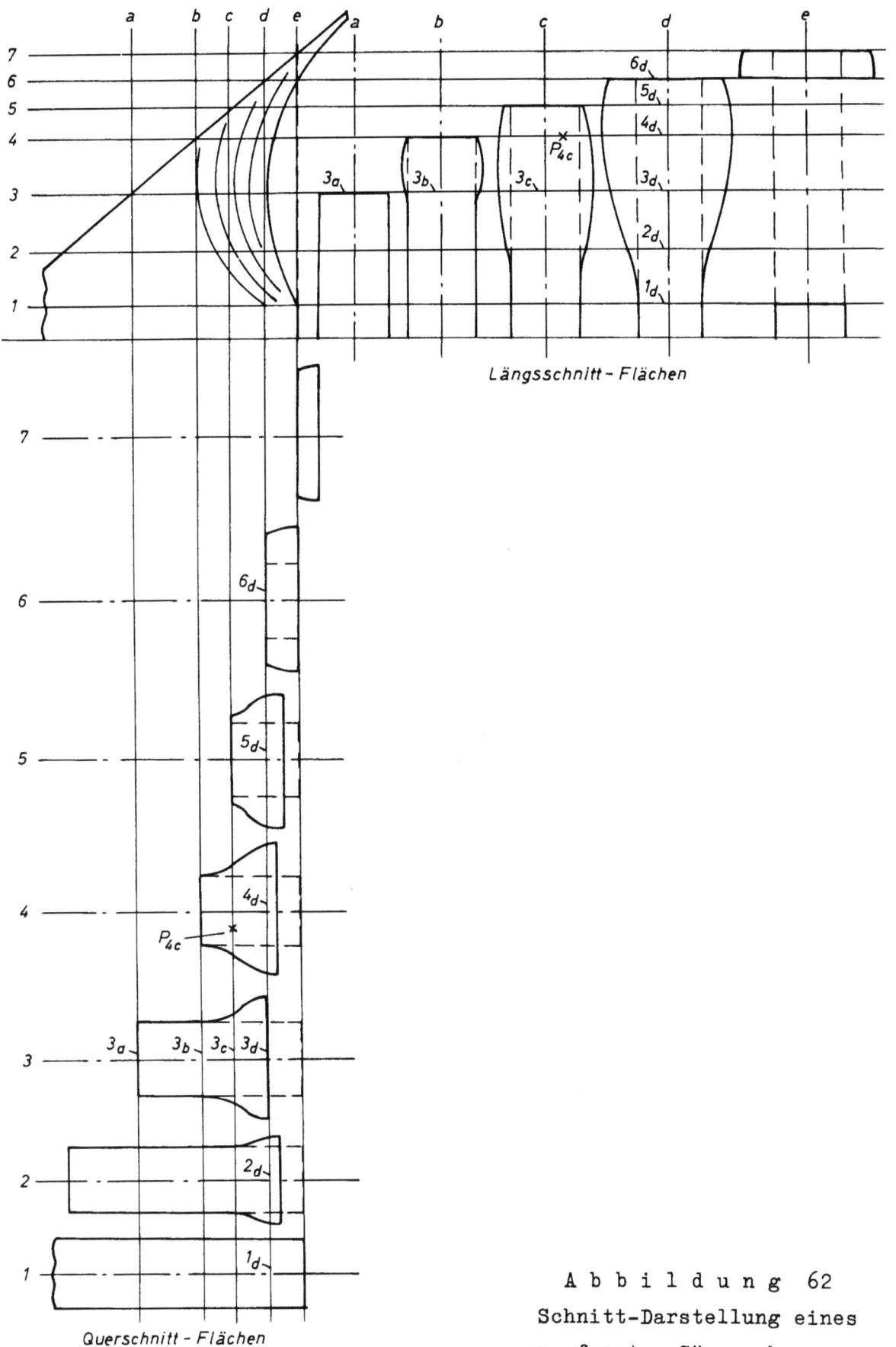

Abbildung 62
Schnitt-Darstellung eines umgeformten Sägenzahnes zur räumlichen Betrachtung

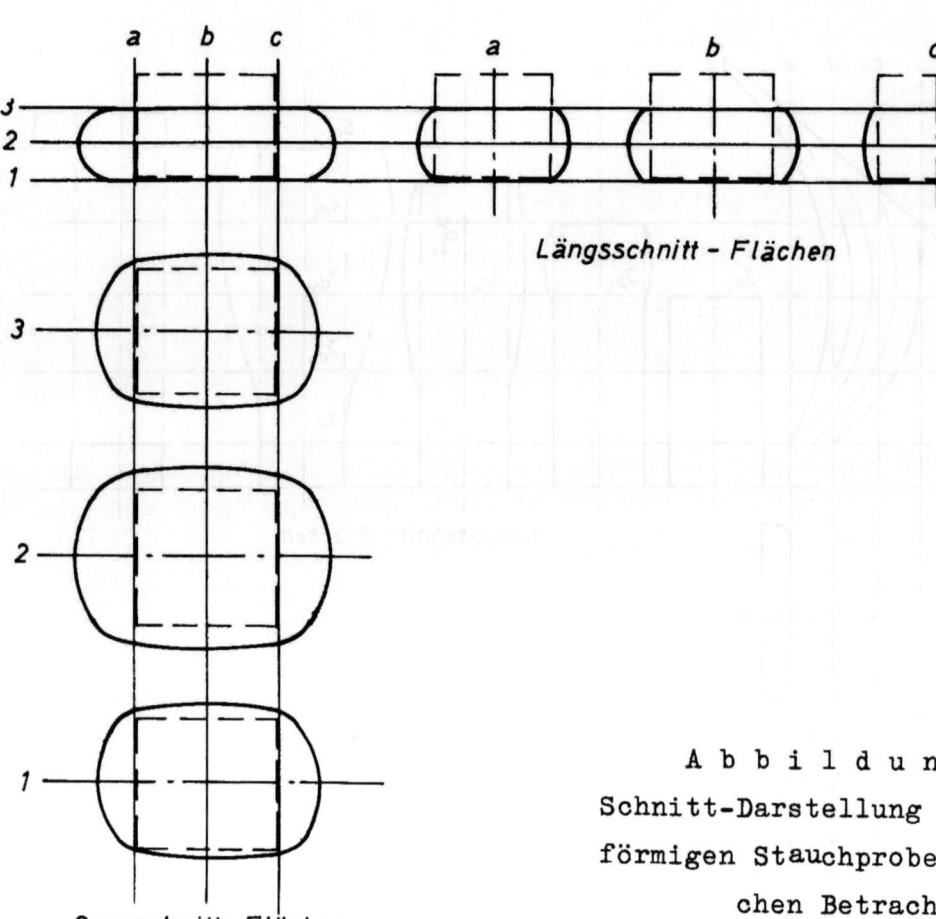

Abbildung 63
Schnitt-Darstellung einer quaderförmigen Stauchprobe zur räumlichen Betrachtung
(schematische Darstellung)

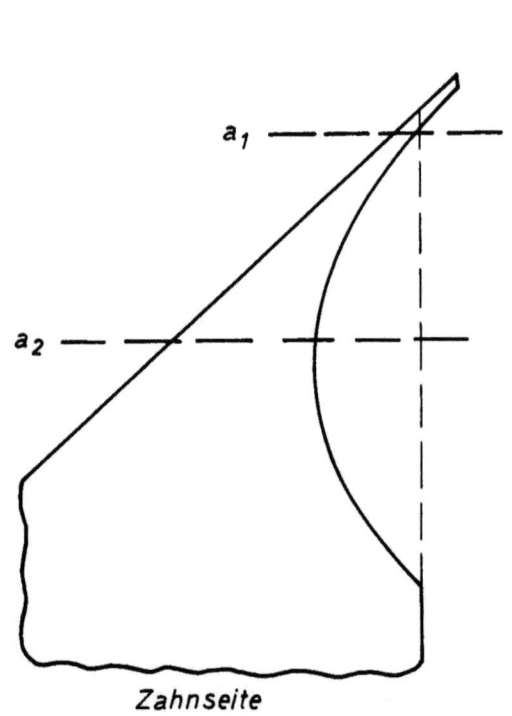
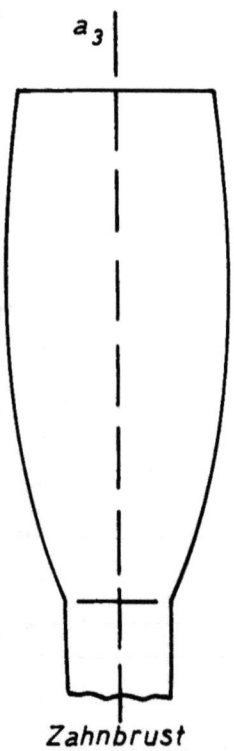

Abbildung 67
Schnitte zur Kleinlast-Härteprüfung am umgeformten Sägenzahn

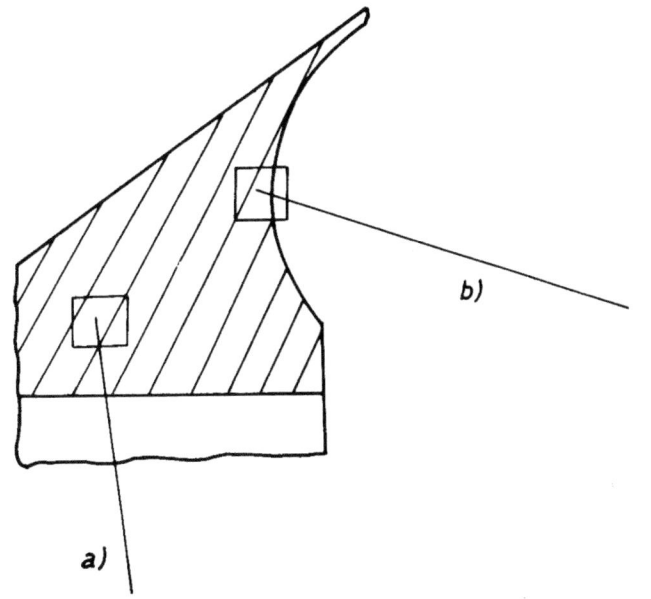
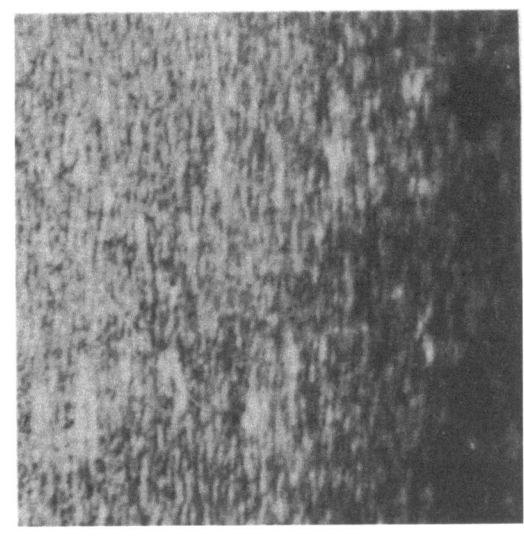

Abbildung 64

Nicht umgeformtes Gefüge (a) und Gefüge aus der Umformzone an der Zahnbrust (b) nach dem Gleitstauchen
(Werkstoff 75Ni10)
Ätzung mit 3 %iger alkoholischer Salpetersäure
(Vergr. 500:1)

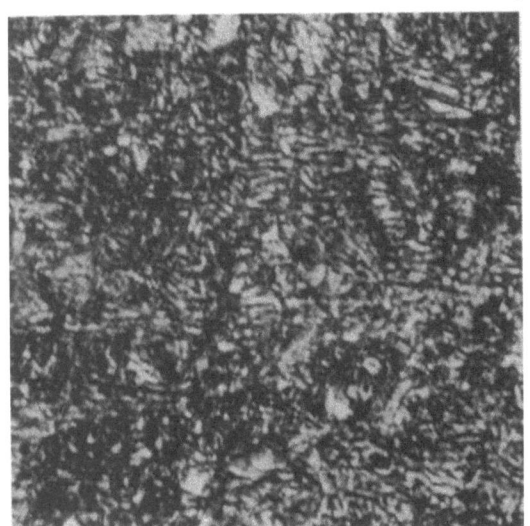

Abbildung 65

Gefügeübersicht im Querschnitt nach dem Gleitstauchen
Primärätzung
(Werkstoff 75Ni10, Vergr. 20:1)

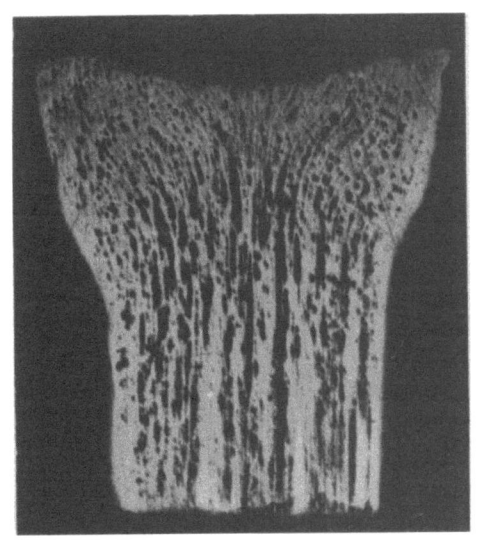

Abbildung 66

Gefügeübersicht im Querschnitt nach dem seitlichen Flachpressen
Primärätzung
(Werkstoff 80 CrV 2, Vergr. 20:1)

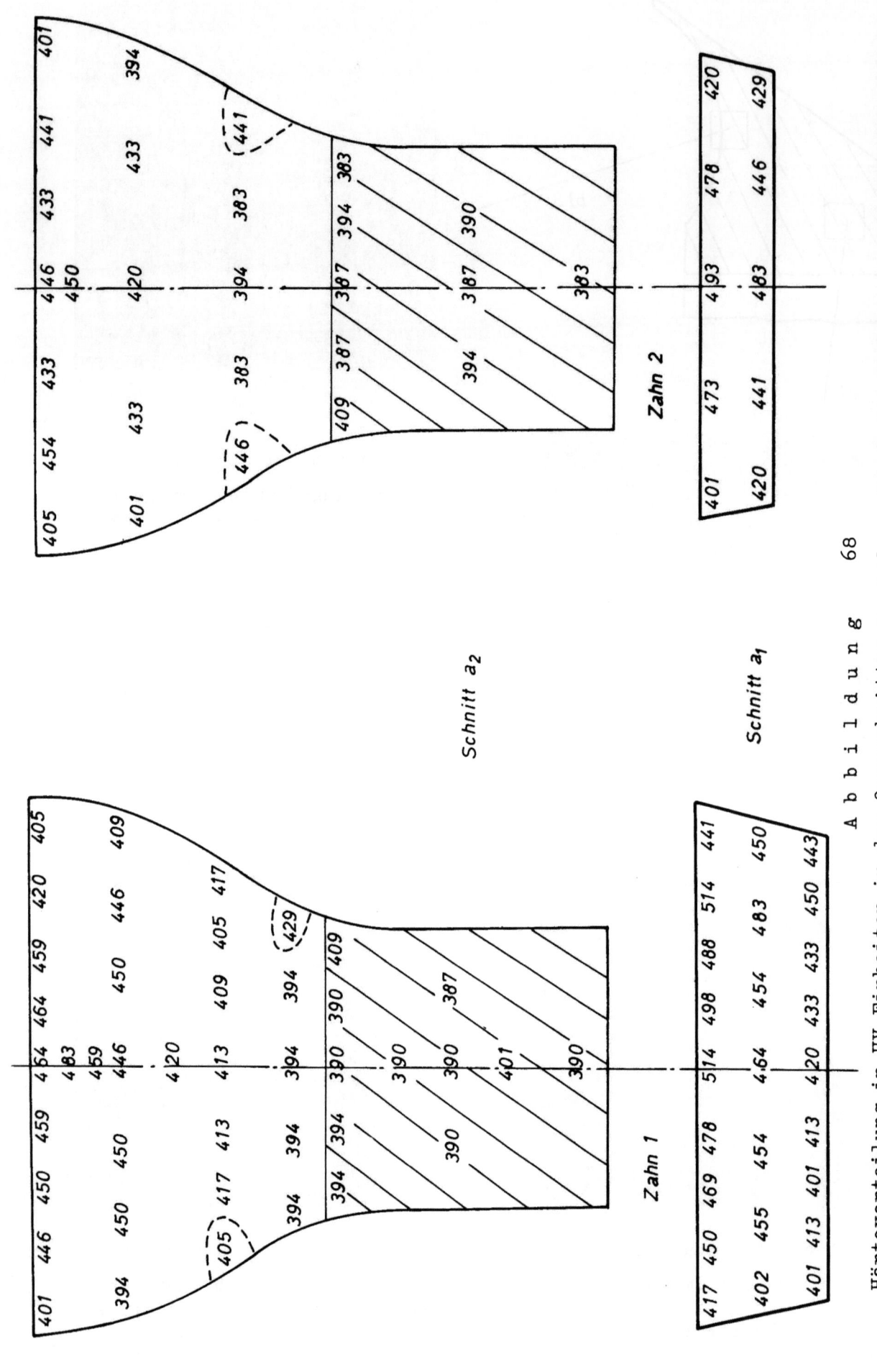

Abbildung 68
Härteverteilung in HV-Einheiten in den Querschnitten $a_1$ und $a_2$ durch die Umformzone zweier Sägenzähne (Werkstoff 75Ni10, Vergr.: 50:1)

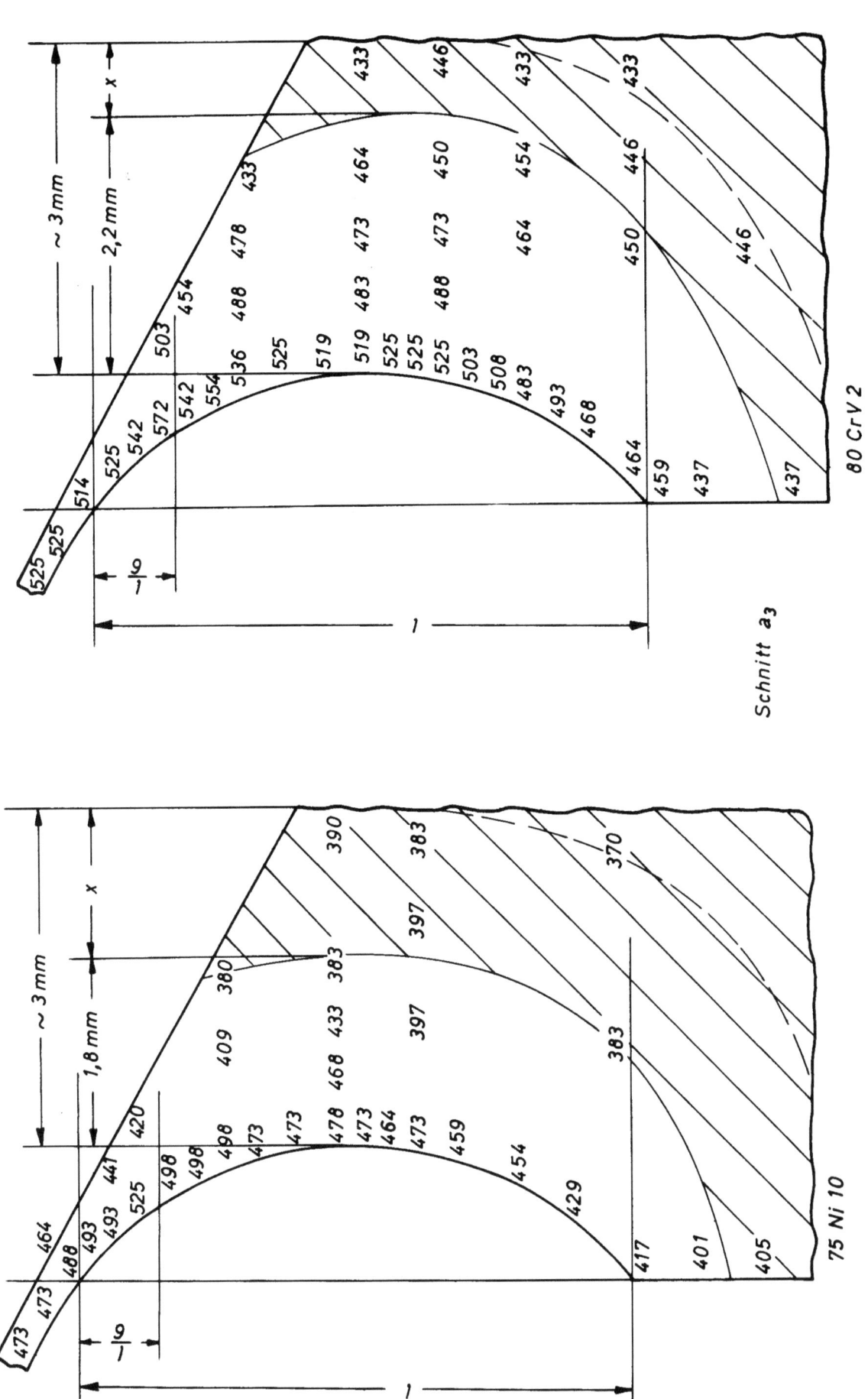

x = Vergrößerung des beeinflußten Bereiches bei Berücksichtigung des Verzerrungsbildes der Abb. 52

Abbildung 69

Härteverteilung in HV-Einheiten im Längsschnitt $a_3$ durch die Umformzone zweier Sägenzähne nach dem Gleitstauchen (Werkstoff 75Ni10 und 80 CrV 2, Vergr.: 20:1)

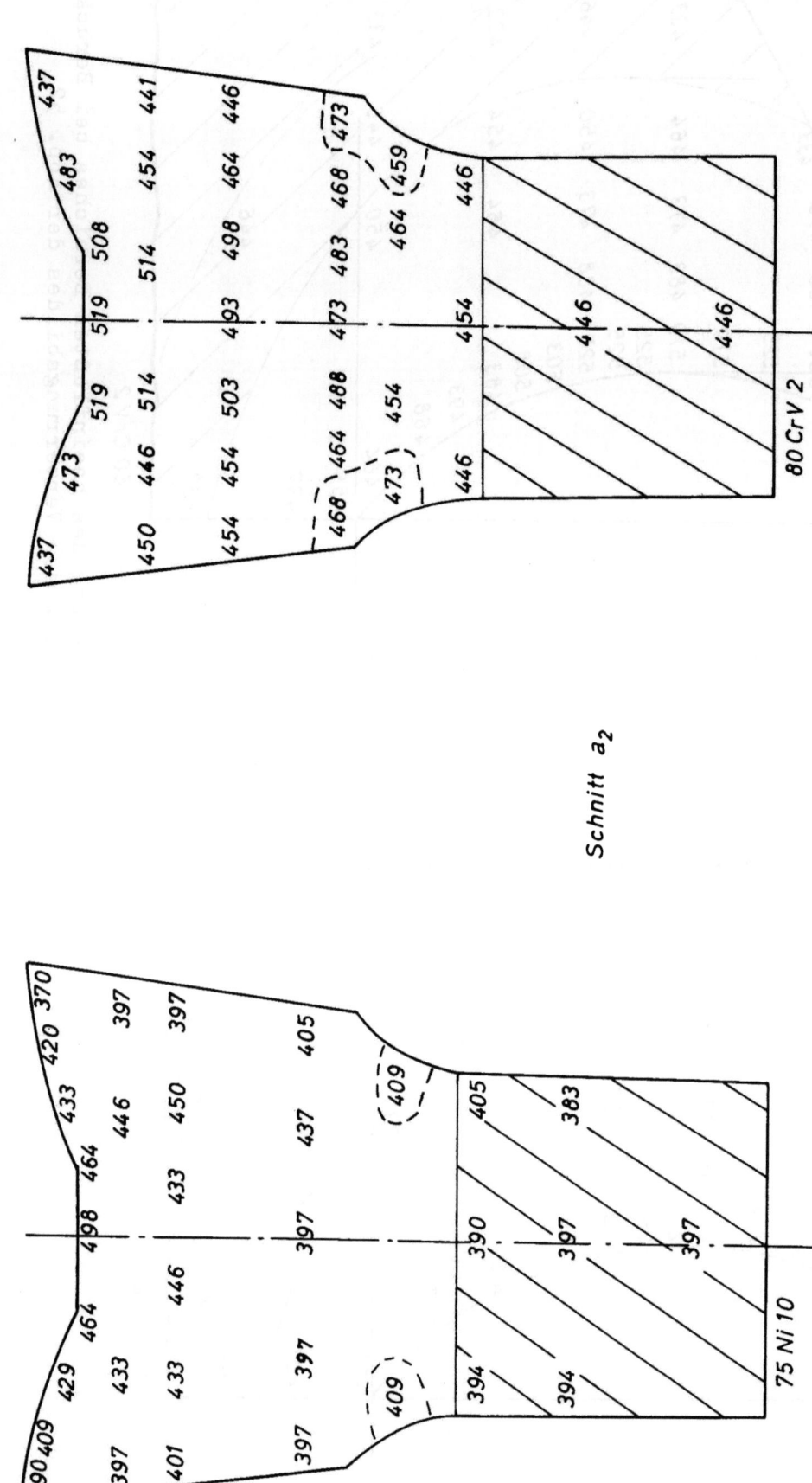

Abbildung 70

Härteverteilung in HV-Einheiten im Querschnitt $a_2$ nach dem seitlichen Flachpressen zweier Sägenzähne (Werkstoff 75Ni10 und 80 CrV 2, Vergr.: 50:1)

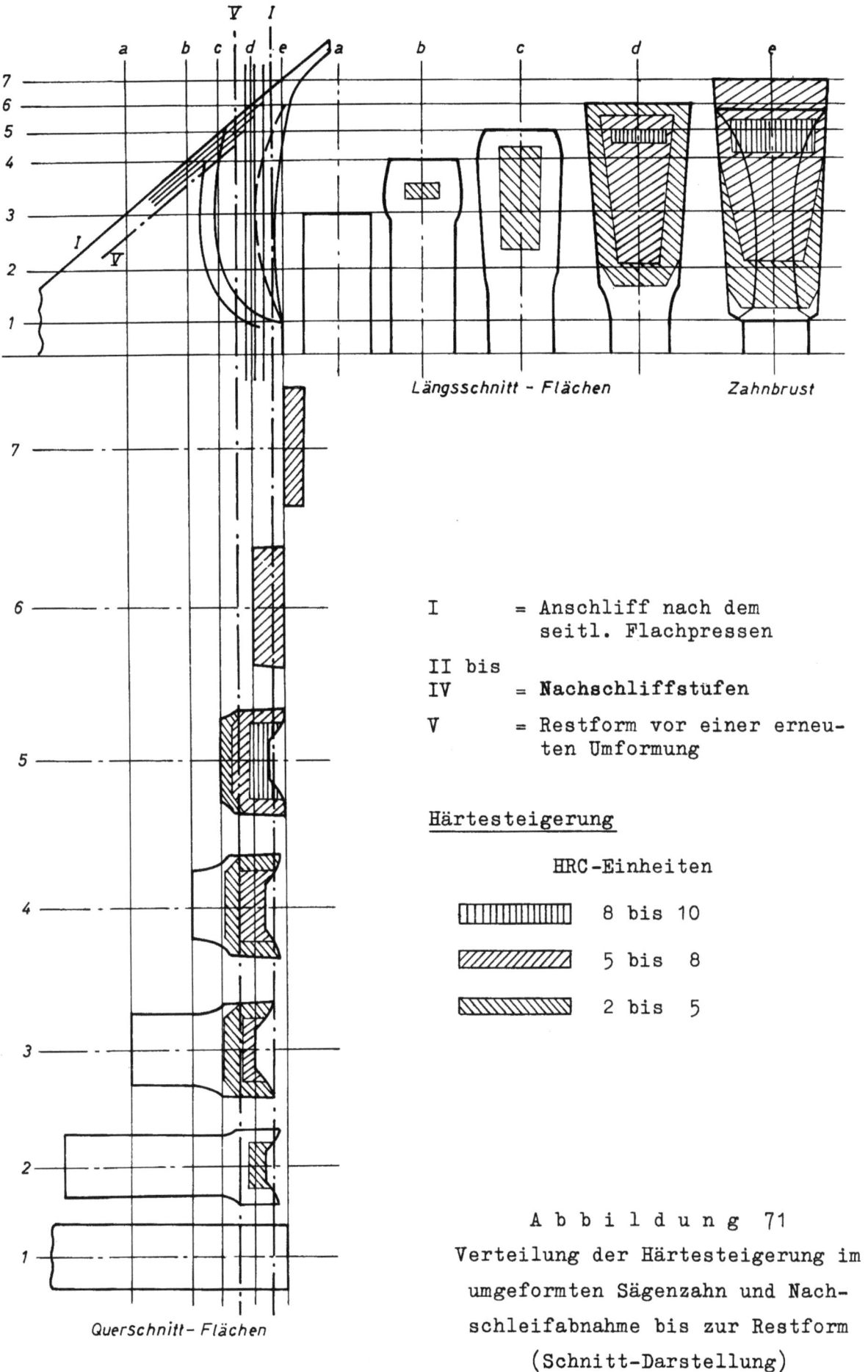

Abbildung 71
Verteilung der Härtesteigerung im umgeformten Sägenzahn und Nachschleifabnahme bis zur Restform (Schnitt-Darstellung)

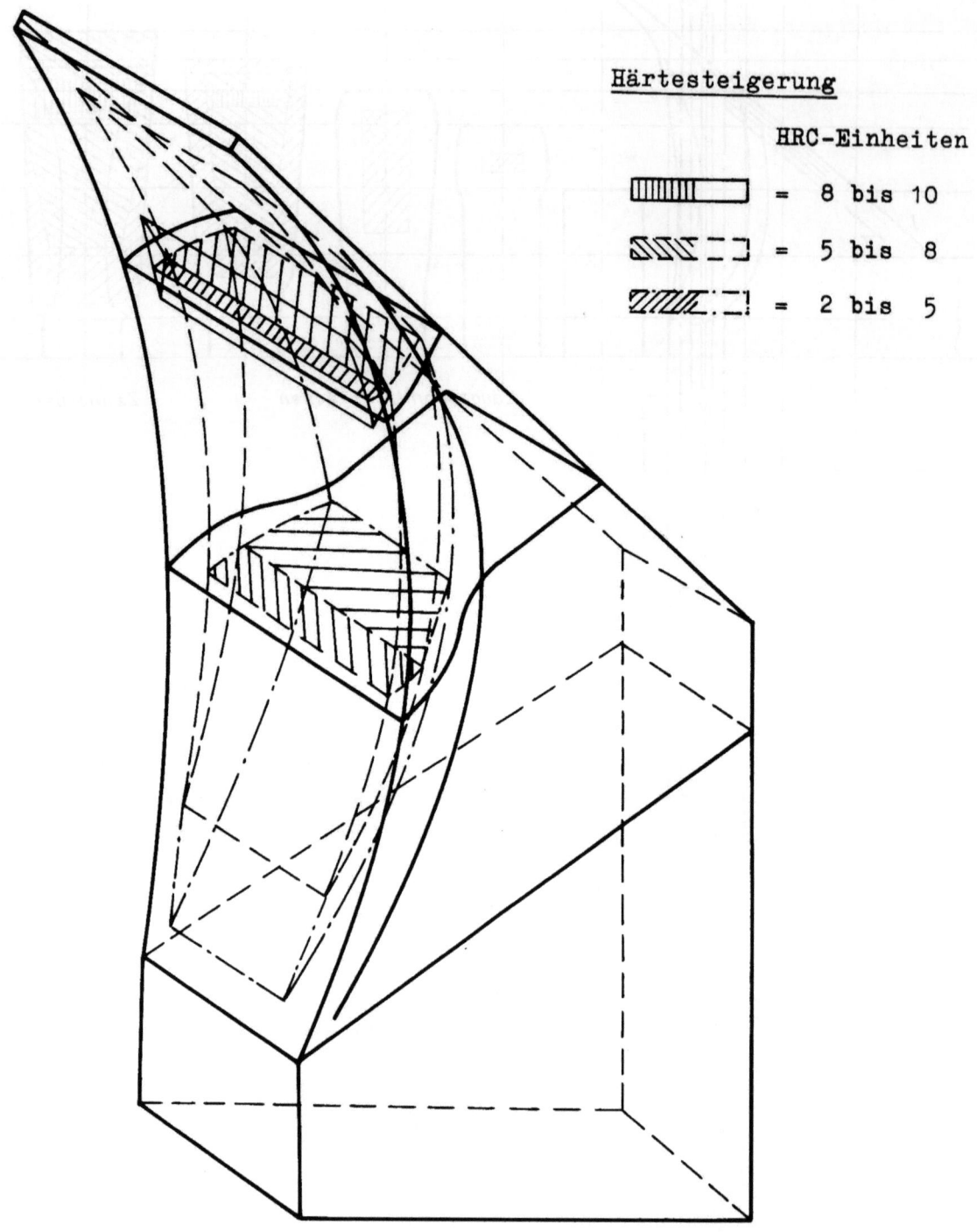

Abbildung 71a

Räumliche Darstellung der Härteverteilung in der Umformzone nach dem Gleitstauchen

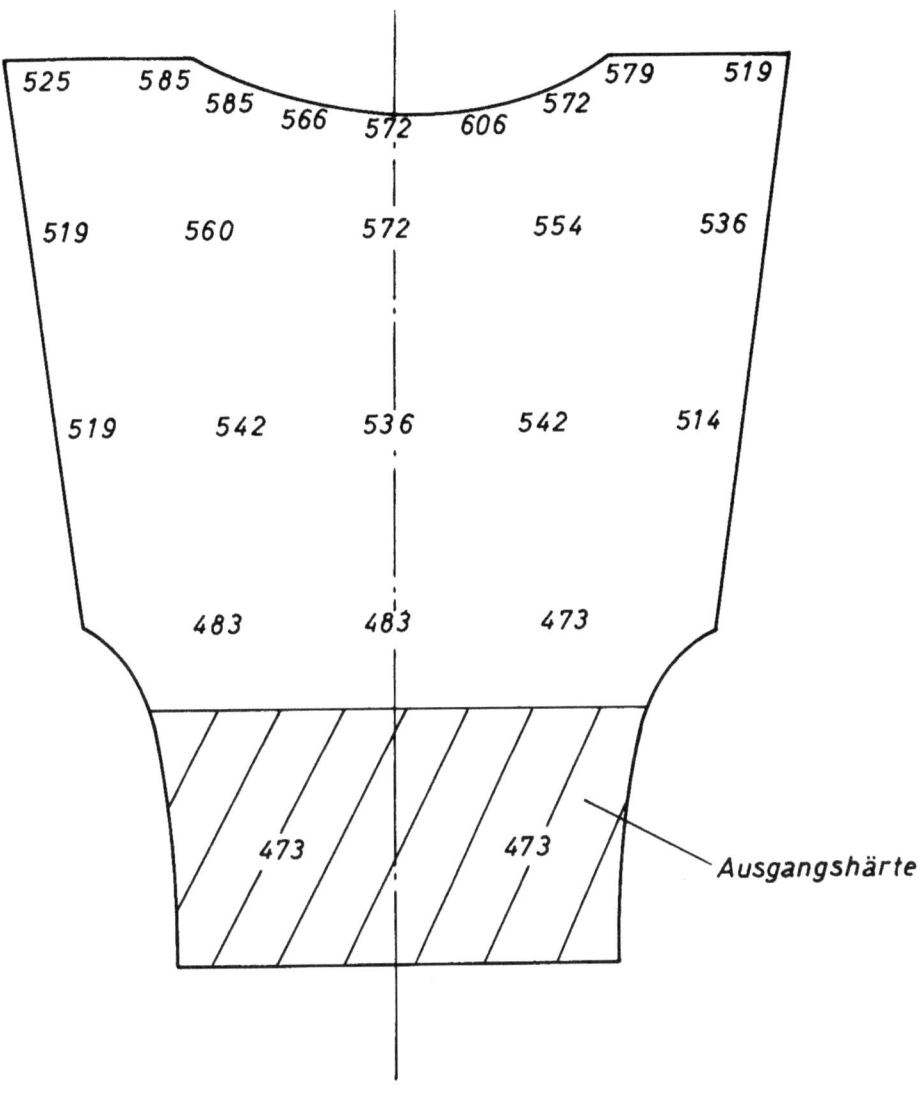

Abbildung 72
Härteverteilung in HV-Einheiten im Querschnitt $a_2$ durch einen nach KIVIMAA umgeformten Sägenzahn

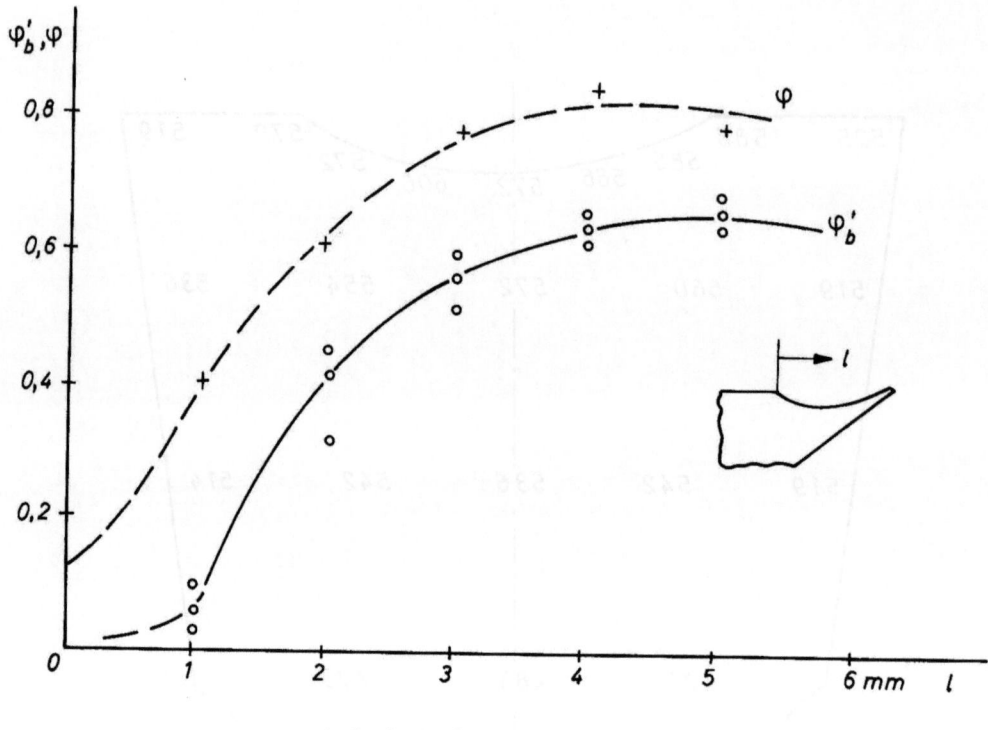

Abbildung 73

Änderung des Umformgrades $\varphi_b'$ und des aus der Härtesteigerung ermittelten Umformgrades $\varphi$ über die Länge der Umformmulde beim Gleitstauchen

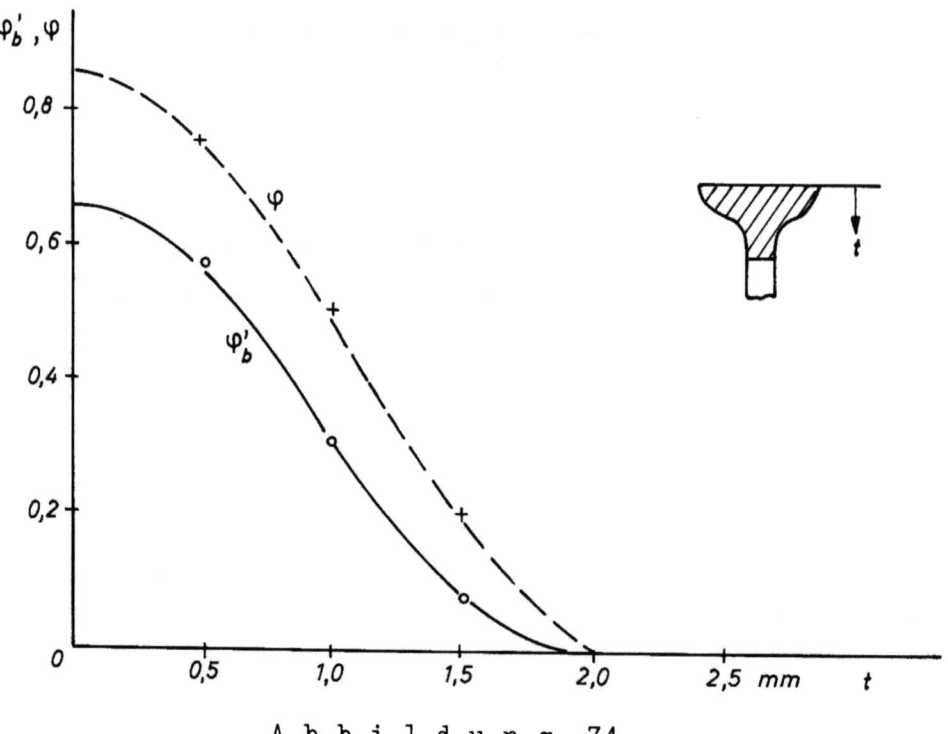

Abbildung 74

Änderung des Umformgrades $\varphi_b'$ und des aus der Härtesteigerung ermittelten Umformgrades $\varphi$ senkrecht zur Zahnbrust in Richtung t in der Mitte der Umformmulde

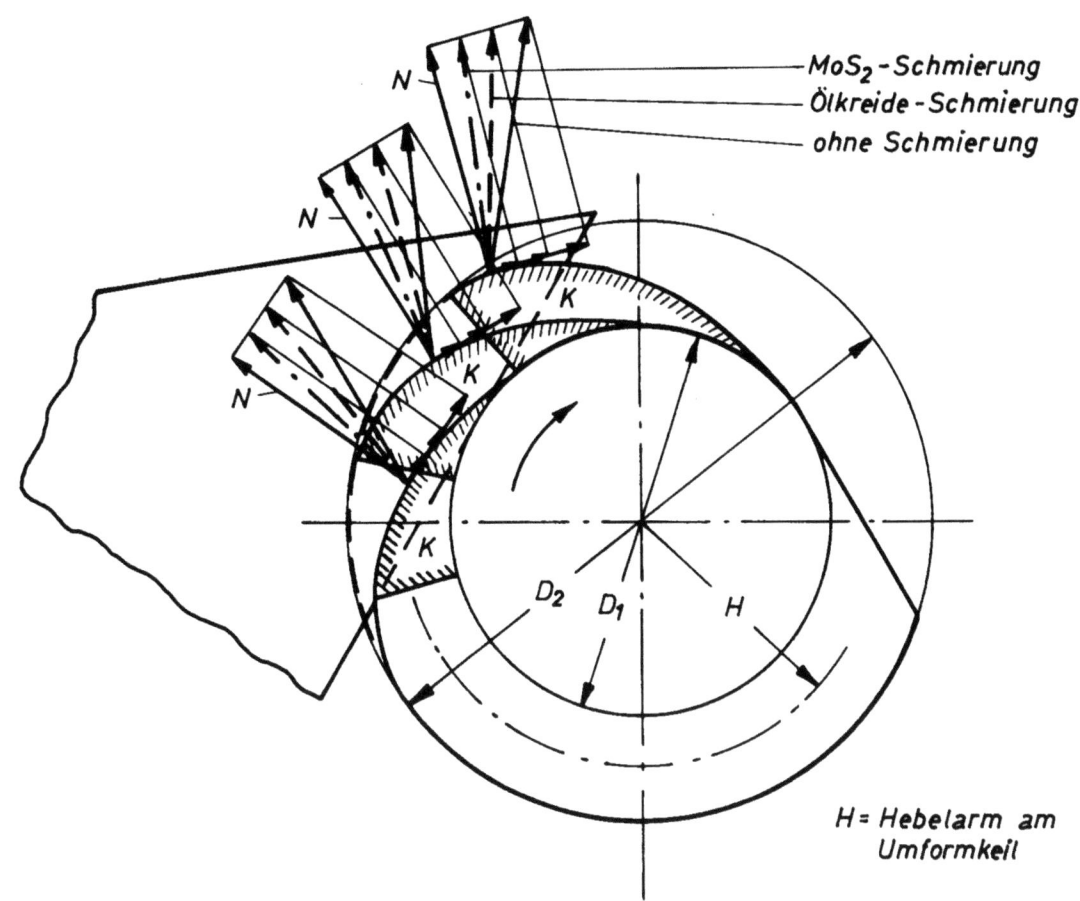

**A b b i l d u n g  75**

Kraftrichtungen beim Gleitstauchen eines Sägenzahnes
mit und ohne Schmierung   (schematische Darstellung)

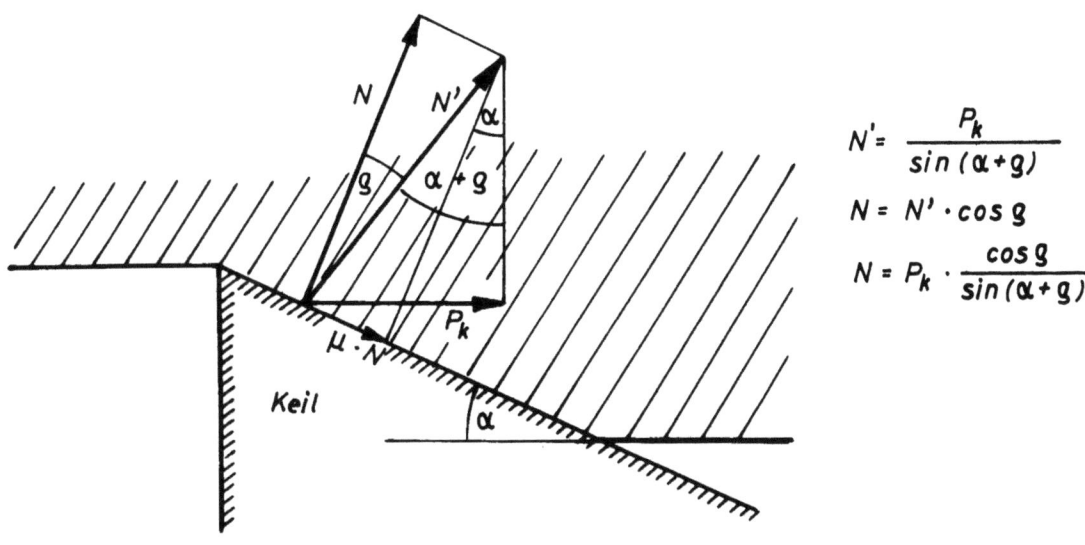

$$N' = \frac{P_k}{\sin(\alpha+g)}$$

$$N = N' \cdot \cos g$$

$$N = P_k \cdot \frac{\cos g}{\sin(\alpha+g)}$$

**A b b i l d u n g  76**

Kräfte am "Umformkeil" beim Gleitstauchen eines Sägenzahnes
(schematisch)

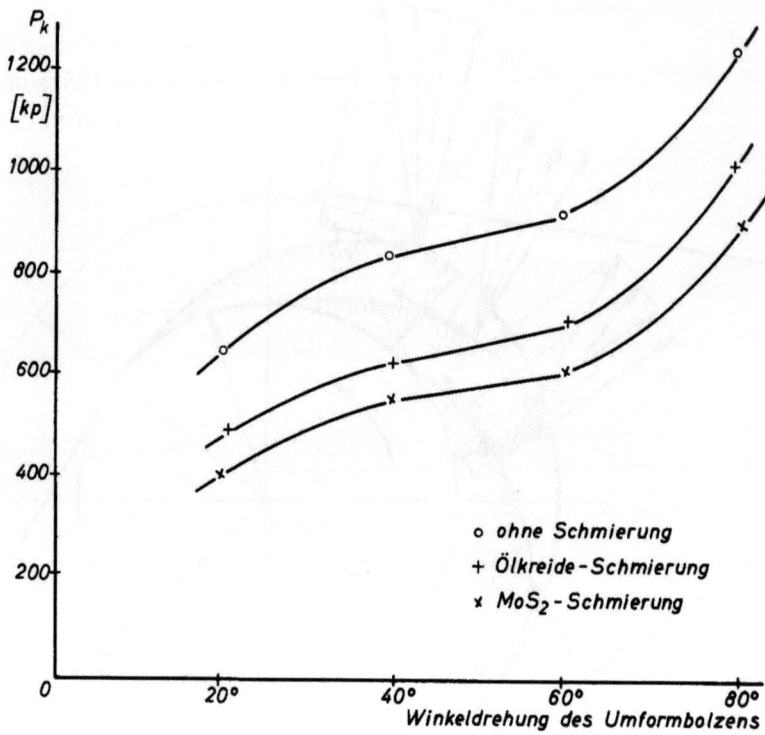

Abbildung 77

Tangential zur Bolzendrehung wirkende Kräfte beim Gleitstauchen
mit und ohne Schmierung

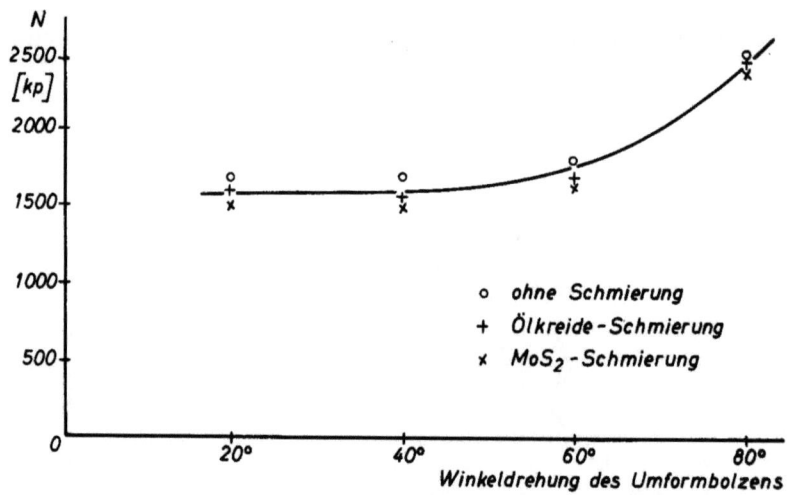

Abbildung 78

Senkrecht zur Bolzenkrümmung wirkende Kräfte beim Gleitstauchen
eines Sägenzahnes

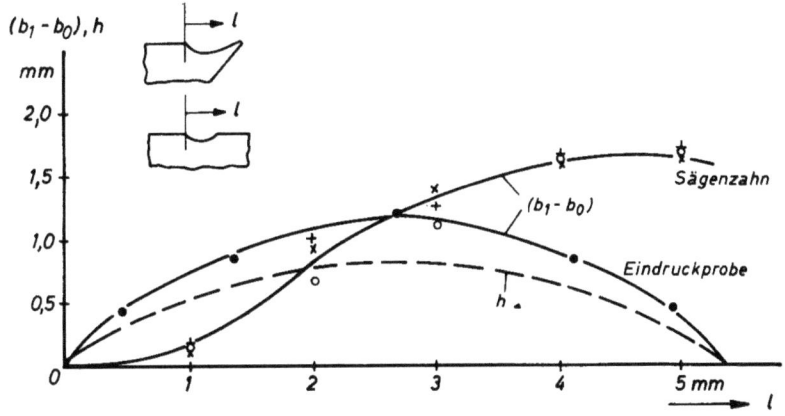

Abbildung 79

Verteilung der Breitung $(b_1-b_0)$ über die Länge der Umformmulde für Sägenzähne (75Ni10 und 80 CrV 2) und eine Eindruckprobe mit Bolzendrehung (80 CrV 2) bei jeweils gleicher Eindringtiefe des Bolzens von $h_{max} = 0,8$ mm

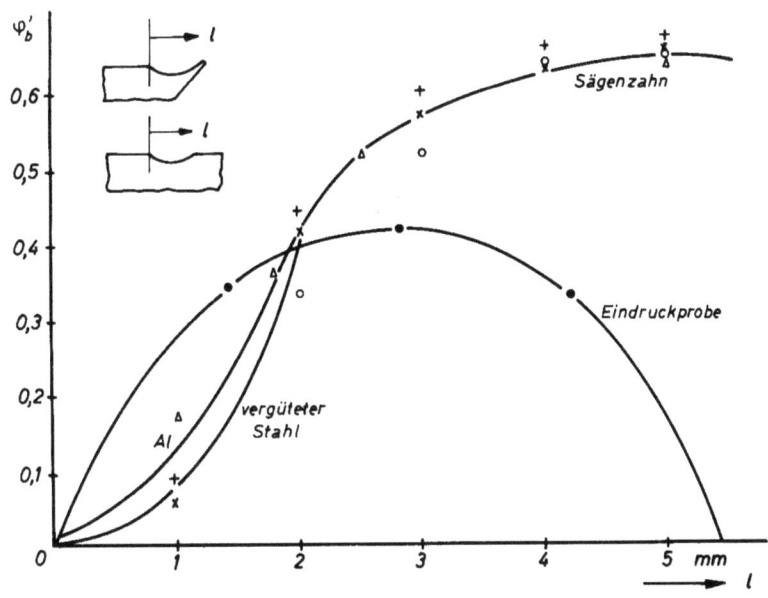

Abbildung 80

Verteilung des Umformgrades $\varphi_b'$ über die Länge der Umformmulde für die Umformfälle der Abbildung 79, ebenfalls jeweils bei gleicher Eindringtiefe des Bolzens von 0,8 mm

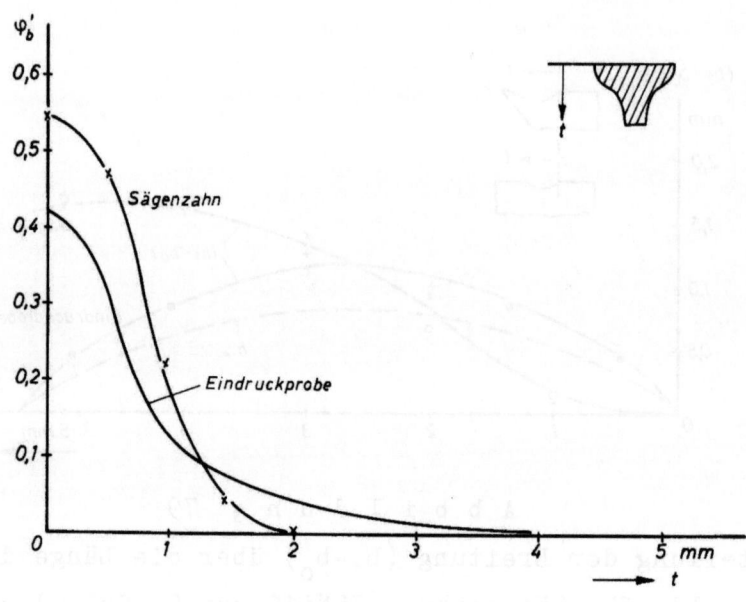

Abbildung 81

Verlauf des Umformgrades $\varphi_b'$ in Richtung t in der Mitte der Umformprobe für einen Sägenzahn und eine Eindruckprobe mit Bolzendrehung bei jeweils gleicher Bolzen-Eindringtiefe von $h_{max} = 0,8$ mm (Werkstoff 80 CrV 2)

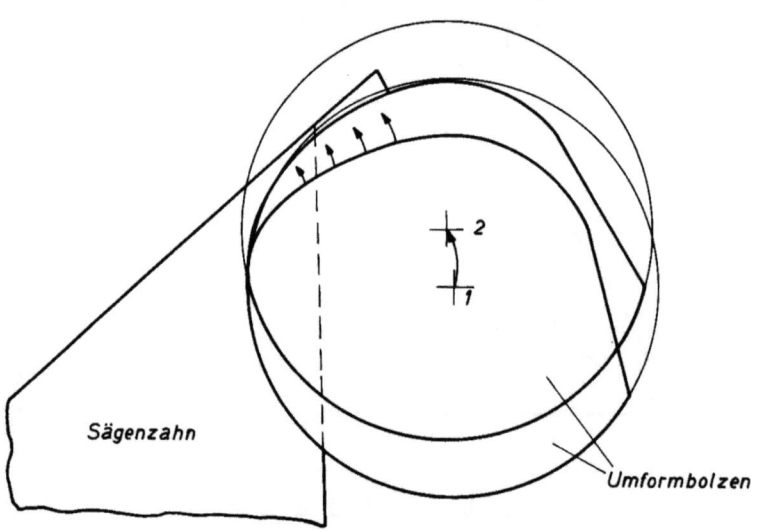

Abbildung 83

Abwandlung des Umformverfahrens beim Gleitstauchen durch eine Wälzbewegung von 1 nach 2 im Anschluß an eine Gleitdrehung des Umformbolzens um den Mittelpunkt 1 bis zur gezeichneten Stellung

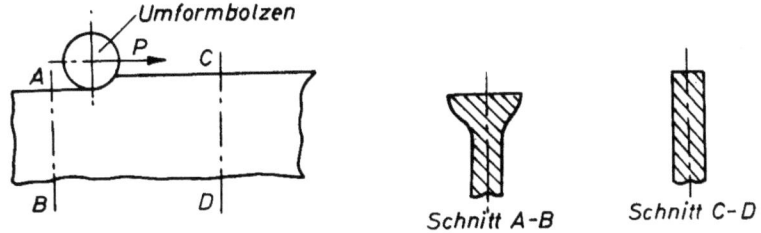

Abbildung 82

Stoffverdrängendes Schieben eines Bolzens als
Umformvereinfachung zum Gleitstauchen

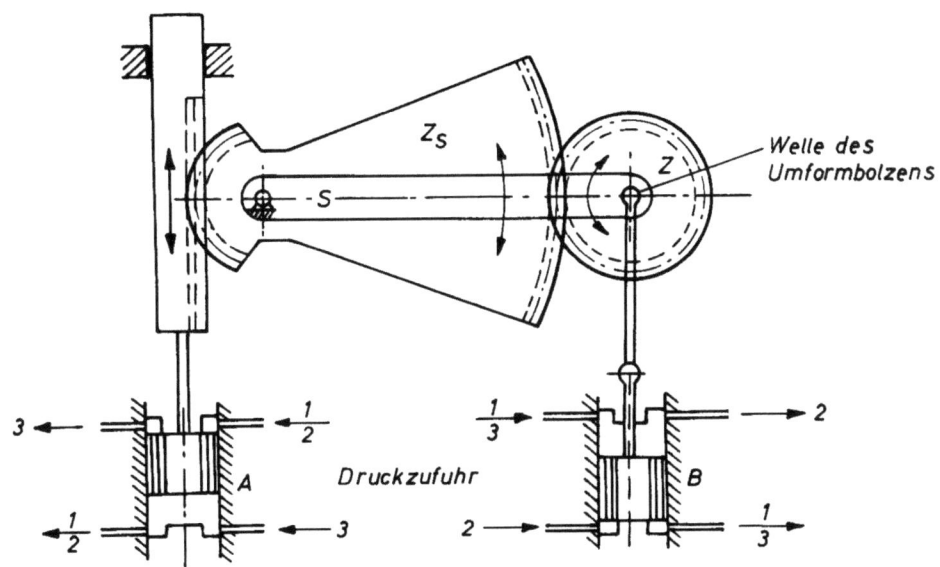

(Kolben in Ausgangsstellung gezeichnet)

Abbildung 84 a

Schematische Darstellung einer Ausführungsmöglichkeit
der kombinierten Dreh-Wälz-Bewegung des Umformbolzens
bei der Sägenzahnumformung

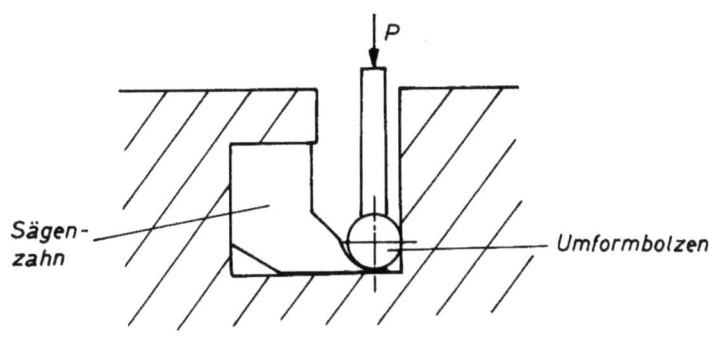

Abbildung 84 b

Versuchsvorrichtung zur abgewandelten Zahnspitzenumformung

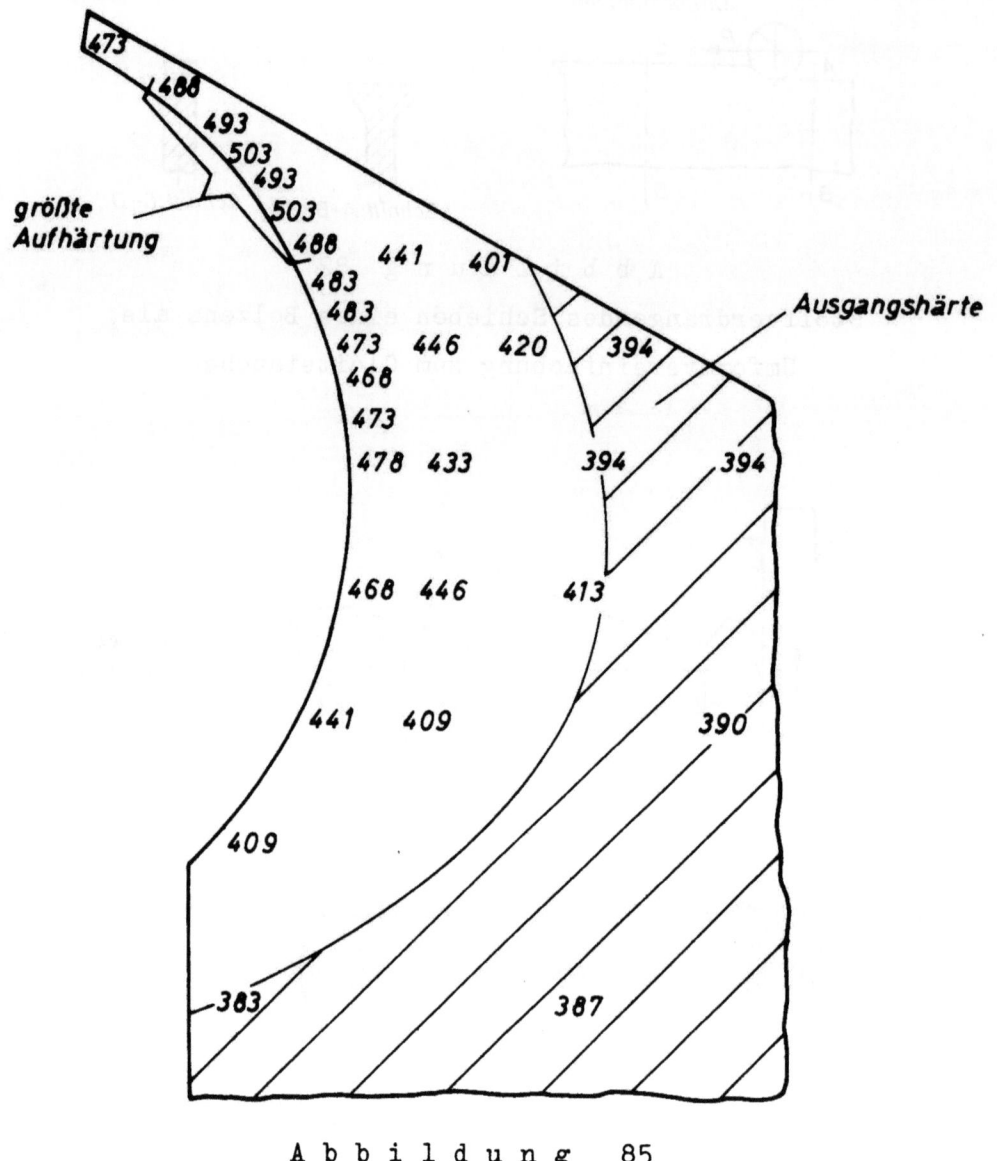

Abbildung 85
Härteverteilung in HV-Einheiten im Längsschnitt durch einen nach dem abgewandelten Gleit-Wälzverfahren umgeformten Sägenzahn

# FORSCHUNGSBERICHTE DES LANDES NORDRHEIN-WESTFALEN

Herausgegeben
im Auftrage des Ministerpräsidenten Dr. Franz Meyers
von Staatssekretär Professor Dr. h. c., Dr. E. h. Leo Brandt

## EISENVERARBEITENDE INDUSTRIE

**HEFT 39**
*Forschungsgesellschaft Blechverarbeitung e. V., Düsseldorf*
Untersuchungen an prägegemusterten und vorgelochten Blechen
*1953, 46 Seiten, 34 Abb., DM 9,50*

**HEFT 43**
*Forschungsgesellschaft Blechverarbeitung e. V., Düsseldorf*
Forschungsergebnisse über das Beizen von Blechen
*1953, 48 Seiten, 38 Abb., 3 Tabellen, DM 11,30*

**HEFT 51**
*Verein zur Förderung von Forschungs- und Entwicklungsarbeiten in der Werkzeugindustrie e. V., Remscheid*
Untersuchungen an Kreissägeblättern für Holz, Fehler- und Spannungsprüfverfahren
*1953, 50 Seiten, 23 Abb., DM 10,—*

**HEFT 56**
*Forschungsgesellschaft Blechbearbeitung e. V., Düsseldorf*
Untersuchungen über einige Probleme der Behandlung von Blechoberflächen
*1954, 52 Seiten, 42 Abb., DM 11,20*

**HEFT 60**
*Forschungsgesellschaft Blechbearbeitung e. V., Düsseldorf*
Untersuchungen über das Spritzlackieren im elektrostatischen Hochspannungsfeld
*1954, 82 Seiten, 53 Abb., 7 Tabellen, DM 17,—*

**HEFT 61**
*Verein zur Förderung von Forschungs- und Entwicklungsarbeiten in der Werkzeugindustrie e. V., Remscheid*
Schwingungs- und Arbeitsverhalten von Kreissägeblättern für Holz
*1954, 54 Seiten, 31 Abb., DM 11,40*

**HEFT 65**
*Fachverband Schneidwarenindustrie, Solingen*
Untersuchungen über das elektrolytische Polieren von Tafelmesserklingen aus rostfreiem Stahl
*1954, 90 Seiten, 38 Abb., 9 Tabellen, DM 17,35*

**HEFT 87**
*Gemeinschaftsausschuß Verzinken, Düsseldorf*
Untersuchungen über Güte von Verzinkungen
*1954, 68 Seiten, 56 Abb., 3 Tabellen, DM 15,30*

**HEFT 98**
*Fachverband Gesenkschmieden, Hagen*
Die Arbeitsgenauigkeit beim Gesenkschmieden unter Hämmern
*1955, 132 Seiten, 55 Abb., 9 Tabellen, DM 24,75*

**HEFT 116**
*Prof. Dr.-Ing. E. Siebel und Dr.-Ing. H. Weiss, Stuttgart*
Untersuchungen an einigen Problemen des Tiefziehens — I. Teil
*1955, 74 Seiten, 50 Abb., 6 Tabellen, DM 14,50*

**HEFT 117**
*Dr.-Ing. H. Beißwänger, Stuttgart, und Dr.-Ing. S. Schwandt, Trier*
Untersuchungen an einigen Problemen des Tiefziehens — II. Teil
*1955, 92 Seiten, 34 Abb., 8 Tabellen, DM 17,70*

**HEFT 150**
*Prof. Dr.-Ing. O. Kienzle und Dipl.-Ing. F. W. Timmerbeil, Hannover*
Das Durchziehen enger Kragen an ebenen Fein- und Mittelblechen
*1955, 52 Seiten, 20 Abb., 8 Tabellen, DM 11,30*

**HEFT 177**
*Dipl.-Ing. H. Stüdemann, Solingen, und Dr.-Ing. W. Müchler, Essen*
Entwicklung eines Verfahrens zur zahlenmäßigen Bestimmung der Schneideigenschaften von Messerklingen
*1956, 104 Seiten, 68 Abb., 4 Tabellen, DM 22,20*

**HEFT 224**
*Dipl.-Ing. H. Stüdemann und Ing. R. Beu, Solingen*
Verfahren zur Prüfung der Korrosionsbeständigkeit von Messerklingen aus rostfreiem Stahl
*1956, 82 Seiten, 28 Abb., DM 16,90*

**HEFT 225**
*Dr.-Ing. E. Barz, Remscheid*
Der Spannungszustand von Gattersägeblättern
*1956, 74 Seiten, 54 Abb., DM 16,50*

**HEFT 277**
*Dr.-Ing. W. Müchler, Essen*
Untersuchung und zahlenmäßige Bestimmung der Schneideigenschaften von Messern mit besonderer Berücksichtigung rostfreier Messerstähle
*1956, 60 Seiten, 27 Abb., 5 Tabellen, DM 13,20*

**HEFT 283**
*Prof. Dr. F. Wever und Dr.-Ing. W. Lueg, Düsseldorf*
Warmstauchversuche zur Ermittlung der Formänderungsfestigkeit von Gesenkschmiede-Stählen
*1956, 44 Seiten, 19 Abb., DM 9,90*

**HEFT 285**
*Prof. Dr.-Ing. O. Kienzle, Dr.-Ing. K. Lange, Hannover und Dipl.-Ing. H. Meinert, Osterode*
Einfluß der Oberfläche auf das Verschleißverhalten von Schmiedegesenken
*1956, 62 Seiten, 29 Abb., 8 Tabellen, DM 14,60*

**HEFT 286**
*Dr.-Ing. K. Lange, Hannover, Dipl.-Ing. H. Meinert, Osterode, unter Mitarbeit von Dr.-Ing. H. Arend, Mühlheim (Ruhr)*
Verschleißverhalten hartverchromter Schmiedegesenke
*1956, 74 Seiten, 53 Abb., 6 Tabellen, DM 17,65*

**HEFT 321**
*Prof. Dr. F. Wever, Düsseldorf, und Dr. W. Wepner, Köln*
Gleichzeitige Bestimmung kleiner Kohlenstoff- und Stickstoffgehalte im α-Eisen durch Dämpfungsmessung
*1956, 30 Seiten, 3 Abb., 4 Tabellen, DM 6,80*

**HEFT 322**
*Prof. Dr.-Ing. F. Bollenrath und Dipl.-Ing. W. Domke, Aachen*
Eigenspannungen in vergüteten, dickwandigen Stahlzylindern nach Oberflächenhärtung mit induktiver Erwärmung
*1956, 30 Seiten, 9 Abb., 2 Tabellen, DM 6,90*

**HEFT 360**
*Dr.-Ing. E. Barz, Remscheid*
Fertigungsverfahren und Spannungsverlauf bei Kreissägeblättern für Holz
*1957, 68 Seiten, 40 Abb., DM 17,—*

**HEFT 367**
*Dr. rer. nat. D. Horstmann, Düsseldorf*
Der Angriff eisengesättigter Zinkschmelzen auf kohlenstoff-, schwefel- und phosphorhaltiges Eisen
*1957, 52 Seiten, 22 Abb., 6 Tabellen, DM 12,85*

**HEFT 375**
*Technischer Überwachungsverein e. V., Essen*
Wanddickenmessungen mittels radioaktiver Strahlen und Zählrohrgerät
*1958, 38 Seiten, 15 Abb., DM 9,55*

**HEFT 376**
*Technischer Überwachungsverein e. V., Essen*
Wasserumlaufprobleme an Hochdruckkesseln
*1958, 140 Seiten, 56 Abb., 8 Tabellen, DM 32,60*

**HEFT 377**
*Technischer Überwachungsverein e. V., Essen*
Versuche an Wanderrostkesseln mit befeuchteter Verbrennungsluft
*1958, 36 Seiten, 19 Abb., 2 Tabellen, DM 12,20*

**HEFT 395**
*Dipl.-Ing. L. Hahn, Clausthal-Zellerfeld*
Untersuchungen zur Frage des optimalen Bohrloch- und Patronendurchmessers
*1957, 132 Seiten, 49 Abb., 19 Tabellen, DM 31,25*

**HEFT 445**
*Dr.-Ing. E. Barz, Remscheid*
Fertigungs- und Prüfverfahren für Feilen
*vergriffen*

**HEFT 447**
*Prof. Dr.-Ing. F. Bollenrath, Aachen*
*Dr.-Ing. H. Füllenbach, Seesen (Harz), und*
*Dipl.-Ing. J. Schumacher, Neubeckum (Westf.)*
Entwicklung rationell arbeitender Spritzkabinen
*1958, 44 Seiten, 26 Abb., DM 13,55*

**HEFT 473**
*Prof. Dr. phil. F. Wever, Dr.-Ing. W. Lueg und Dipl.-Ing. P. Funke jr. Düsseldorf*
Versuche an einer hydraulischen 25 t-Stangenziehbank
*1957, 34 Seiten, 11 Abb., DM 8,95*

**HEFT 557**
*Dr.-Ing. H. Schiffers, Dipl.-Ing. D. Ammann, Dipl.-Ing. E. Brugger und Dipl.-Ing. R. Dicke, Aachen*
Härtbarkeit von Gußeisen mit Lamellen- und Kugelgraphit in Abhängigkeit von Zusammensetzung und Gefüge
*1958, 30 Seiten, 24 Abb., 1 Tabelle, DM 11,—*

**HEFT 630**
*Prof. Dr. phil. W. Koch und Dr. techn. Dipl.-Ing. H. Malissa, Düsseldorf*
Beiträge zur Spurenanalyse im Reinsteisen
*1958, 26 Seiten, 8 Tabellen, DM 7,60*

**HEFT 639**
*Prof. Dr.-Ing. habil. K. Krekeler, Dr.-Ing. H. Peukert und Dipl.-Ing. O. Schwarz, Aachen*
Auswertung der in- und ausländischen Literatur auf dem Gebiete des Metallklebens
*1958, 152 Seiten, DM 37,80*

**HEFT 655**
*Dr. rer. pol. A. Th. Wuppermann, Leverkusen, Prof. Dr.-Ing. M. Pfender und Reg.-Rat Dipl.-Ing. E. Amedick, Berlin*
Untersuchung des Einflusses von Oberflächenfehlern auf die Dauerhaltbarkeit von Kurbelwellen
*1958, 48 Seiten, 101 Abb., 4 Tabellen, DM 10,—*

**HEFT 680**
*Prof. Dr. phil. W. Koch, Dr.-Ing. habil. A. Krisch und Dipl.-Phys. H. Rohde, Düsseldorf*
Änderungen im Gefügeaufbau austenitischer Chrom-Nickel-Stähle bei Zeitstandversuchen von mehrjähriger Dauer
*1959, 38 Seiten, 23 Abb., 5 Tabellen, DM 12,20*

**HEFT 681**
*Prof. Dr.-Ing. Dr.-Ing. e. h. H. Schenk und Dr.-Ing. W. Wenzel, Aachen*
Die Reduktion von Eisenerzen im Elektro-Fließbett
*1959, 76 Seiten, 20 Abb., 12 Tabellen, DM 19,60*

**HEFT 693**
*Prof. Dr.-Ing. O. Kienzle, Hannover*
Einige Untersuchungen über das Schneiden von Blechen
*1959, 56 Seiten, 54 Abb., 3 Tabellen, DM 17,40*

**HEFT 702**
*Prof. Dr. phil. W. Koch und Dipl.-Phys. Dr. rer. nat. H. Lüdering, Düsseldorf*
Statistische Auswertung von Thomasroheisenproben guter und schlechter Verblasbarkeit
*1959, 20 Seiten, 3 Abb., 3 Tabellen, DM 6,50*

**HEFT 703**
*Prof. Dr. phil. W. Koch und Dipl.-Phys. Dr. phil. H. Sundermann, Düsseldorf*
Isolierungstechnische Untersuchungen an Thomasroheisen
*1959, 28 Seiten, 16 Abb., 1 Tabelle, DM 9,—*

**HEFT 705**
*Dr.-Ing. K. E. Mayer, Dr.-Ing. H. Knüppel, Ing. A. Stumpf, Dortmund, und Prof. Dr. phil. W. Koch, Düsseldorf*
Wege zur automatischen Überwachung des Thomasverfahrens
*1959, 56 Seiten, 20 Abb., 7 Tabellen, DM 14,80*

**HEFT 714**
*Prof. Dr.-Ing. W. Patterson, Aachen*
Wirkung einer Gasspülung auf den Magnesiumverbrauch bei der Herstellung von Gußeisen mit Kugelgraphit
*1959, 44 Seiten, 35 Abb., 14 Tabellen, DM 13,40*

**HEFT 728**
*Dr.-Ing. K. Spies, Dortmund*
Die Zwischenformen beim Gesenkschmieden und ihre Herstellung durch Formwalzen
*1959, 114 Seiten, 61 Abb., 1 Tabelle, DM 29,60*

**HEFT 740**
*Dr. rer. nat. D. Horstmann, Düsseldorf*
Einfluß einiger Eisen- und Zinkbegleiter auf Größe und Art des Zinkangriffs auf Eisen
*1959, 38 Seiten, 22 Abb., 1 Tabelle, DM 12,60*

**HEFT 741**
*Dipl.-Ing. H. Stüdemann, Dipl.-Ing. F. Esselborn und Ing. H. Hartmann, Solingen*
Prüfung der Korrosionsbeständigkeit rostbeständiger Besteckbleche aus Chromstahl
*1959, 32 Seiten, 30 Abb., 4 Tabellen, DM 10,30*

**HEFT 742**
*Dr.-Ing. E. Barz, Remscheid*
Schneideigenschaften von schneidenden Zangen und Prüfverfahren
*1959, 66 Seiten, 40 Abb., 4 Tabellen, DM 18,40*

**HEFT 757**
*Dr.-Ing. A. Schrader und Dr.-Ing. habil. A. Krisch, Düsseldorf*
Mikroskopische Beobachtungen von Ausscheidungen in austenitischen und ferritischen Stählen nach dem Kriechversuch
*1959, 22 Seiten, 22 Abb., 1 Tabelle, DM 8,60*

**HEFT 780**
*Prof. Dr. phil. F. Wever, Düsseldorf*
Untersuchungen von Walzölen und Walzölemulsionen im Kaltwalzversuch
*1959, 68 Seiten, 28 Abb., mehr. Tabellen, DM 18,50*

**HEFT 781**
*Dr.-Ing. E. Barz u. a., Remscheid*
Verformungseinflüsse bei der Feilenherstellung
*1959, 65 Seiten, 39 Abb., kart., DM 20,—*

**HEFT 840**
*Prof. Dr. phil. F. Wever, Dr.-Ing. H. G. Müller und Dr.-Ing. P. Funke, Düsseldorf*
Versuchsmäßige und rechnerische Bestimmung von Walzkraft und Drehmoment unter Einwirkung von Bandzugspannungen beim Kaltwalzen von Bandstahl
*1960, 36 Seiten, 12 Abb., 3 Tafeln, DM 10,90*

**HEFT 841**
*Dr. rer. nat. H. Blanck, Düsseldorf*
Untersuchungen zur Kinetik des Martensitzerfalls
*1960, 33 Seiten, 11 Abb., kart., DM 10,30*

**HEFT 889**
*Dipl.-Ing. W. Hufschmidt, Aachen*
Die Eigenschaften von Rippenrohrluftkühlern im Arbeitsbereich der Klimaanlage
*1960, 126 Seiten, 37 Abb., DM 33,30*

**HEFT 890**
*Dr.-Ing. H. Meyer, Hagen (Westf.)*
Untersuchungen über den Umformvorgang in Waagerecht-Stauchmaschinen
*1960, 76 Seiten, 61 Abb., 3 Tabellen, DM 21,90*

**HEFT 916**
*Dipl.-Ing. Hans-Joachim Grasemann, Forschungsgesellschaft Blechverarbeitung e. V., Düsseldorf*
Der offene, kreuzende Scherschnitt an Blechen
*1960, 138 Seiten, 66 Abb., 10 Tabellen, DM 40,70*

**HEFT 1000**
*Dipl.-Ing. Hartmut Tolkien, Institut für Werkzeugmaschinen und Umformtechnik der Technischen Hochschule Hannover*
Schmierwirkungen in Schmiedegesenken

**HEFT 1001**
*Dipl.-Phys. Dr. rer.-nat. Günter Langner, Institut für Elektronenmikroskopie an der Medizinischen Akademie, Düsseldorf*
Die Informationsübertragung bei der Mikroskopie mit Röntgenstrahlen
*1961, 126 Seiten, 7 Abb., DM 37,—*

**HEFT 1004**
*Dr.-Ing. Eginhard Barz, Verein zur Förderung von Forschungs- und Entwicklungsarbeiten in der Werkzeugindustrie e. V., Remscheid*
Untersuchung von Schraubendrehern und Schraubenverbindungen

**HEFT 1027**
*Dr.-Ing. Eginhard Barz, Verein zur Förderung von Forschungs- und Entwicklungsarbeiten in der Werkzeugindustrie e. V., Remscheid*
Prüfung von Feilen
*In Vorbereitung*

**HEFT 1028**
*Dipl.-Ing. S. Stendorf, Verein zur Förderung von Forschungs- und Entwicklungsarbeiten in der Werkzeugindustrie e. V., Remscheid*
Das Gleitstauchen von Schneidezähnen an Sägen für Holz

**HEFT 1056**
*Dr.-Ing. Oskar Pawelski, Dr.-Ing. Werner Lueg †, Max-Planck-Institut für Eisenforschung, Düsseldorf*
Der Spannungszustand beim Ziehen und Einstoßen von runden Stangen
*In Vorbereitung*

---

Ein Gesamtverzeichnis der Forschungsberichte, die folgende Gebiete umfassen, kann bei Bedarf vom Verlag angefordert werden:
Acetylen / Schweißtechnik - Arbeitswissenschaft - Bau / Steine / Erden - Bergbau - Biologie - Chemie - Eisenverarbeitende Industrie - Elektrotechnik / Optik - Fahrzeugbau / Gasmotoren - Farbe / Papier / Photographie - Fertigung - Funktechnik / Astronomie - Gaswirtschaft - Hüttenwesen / Werkstoffkunde - Kunststoffe - Luftfahrt / Flugwissenschaften - Maschinenbau - Medizin / Pharmakologie / NE-Metalle - Physik - Schall / Ultraschall - Schiffahrt - Textiltechnik / Faserforschung / Wäschereiforschung - Turbinen - Verkehr - Wirtschaftswissenschaft.

If you have any concerns about our products,
you can contact us on
**ProductSafety@springernature.com**

In case Publisher is established outside the EU,
the EU authorized representative is:
**Springer Nature Customer Service Center GmbH
Europaplatz 3, 69115 Heidelberg, Germany**

Printed by Libri Plureos GmbH
in Hamburg, Germany